企业安全风险评估技术与管控体系研究丛书
国家安全生产重特大事故防治关键技术科技项目
湖北省安全生产专项资金项目资助

工贸行业
重大风险辨识评估与分级管控

张 浩 罗 聪 卢 颖
著
彭仕优 汪 洋 黄 莹

U0387871

化学工业出版社
·北京·

内容简介

　　《工贸行业重大风险辨识评估与分级管控》为"企业安全风险评估技术与管控体系研究丛书"的一个分册。

　　本书通过对工贸企业调研和重特大事故案例分析，提出基于遏制重特大事故的"五高"（高风险物品、高风险工艺、高风险设备、高风险场所、高风险作业）风险管控理论。本书重点阐述了工贸行业"五高"风险辨识与评估技术，包括工贸行业风险辨识与评估、"五高"风险辨识与评估程序、"5＋1＋N"指标体系、单元"5＋1＋N"指标计量模型、风险聚合方法等。本书还介绍了工贸行业重点专项领域应用分析、风险分级管控模式及政府监管和企业风险管控的工作方法。本书立足于工贸行业风险辨识、评估和风险分级管控体系研究及成果应用，理论与现实紧密结合，内容丰富，条理清晰。

　　本书适合工贸企业的主要负责人和安全管理人员、政府安全监管人员阅读，也适合高校和研究院所的教师、研究人员和学生参考。

图书在版编目（CIP）数据

工贸行业重大风险辨识评估与分级管控/张浩等著
．—北京：化学工业出版社，2022.10（2025.5 重印）
（企业安全风险评估技术与管控体系研究丛书）
ISBN 978-7-122-41819-7

Ⅰ．①工…　Ⅱ．①张…　Ⅲ．①工业企业管理-安全
管理-研究　Ⅳ．①X931

中国版本图书馆 CIP 数据核字（2022）第 119221 号

责任编辑：高　震　杜进祥　　　　　　装帧设计：韩　飞
责任校对：刘曦阳

出版发行：化学工业出版社（北京市东城区青年湖南街 13 号　邮政编码 100011）
印　　装：北京科印技术咨询服务有限公司数码印刷分部
710mm×1000mm　1/16　印张 12¾　字数 201 千字　　2025 年 5 月北京第 1 版第 2 次印刷

购书咨询：010-64518888　　　　　　　售后服务：010-64518899
网　　址：http://www.cip.com.cn
凡购买本书，如有缺损质量问题，本社销售中心负责调换。

定　　价：88.00 元　　　　　　　　　　　　　　　　版权所有　违者必究

"企业安全风险评估技术与管控体系研究丛书"
编委会

主 任： 王先华　　徐 克

副主任： 赵云胜　　叶义成　　姜 威　　王 彪

委 员（按姓氏笔画排序）：

马洪舟	王先华	王其虎	王 彪
卢春雪	卢 颖	叶义成	吕 垒
向 幸	刘 见	刘凌燕	许永莉
李 文	李 刚	李 颖	杨俊涛
吴孟龙	张 浩	林坤峰	罗 聪
周 琪	赵云胜	胡南燕	柯丽华
姜旭初	姜 威	姚 团	夏水国
徐 克	徐厚友	黄 洋	黄 莹
彭仕优	蒋 武	窦宇雄	薛国庆

《工贸行业重大风险辨识评估与分级管控》
编委会

主　任：徐　克

副主任：汪　洋　卢　颖

委　员（按姓氏笔画排序）：

王冬颖　王先华　孔荆陶　卢　颖

叶义成　汪　洋　张坤岩　张　浩

罗　聪　赵云胜　侯　林　姜　威

姚　尉　秦　娴　徐　克　黄　莹

彭仕优　曾　旺

丛书序言

　　安全生产是保护劳动者的生命健康和企业财产免受损失的基本保证。经济社会发展的每一个项目、每一个环节都要以安全为前提，不能有丝毫疏漏。当前我国经济已由高速增长阶段转向高质量发展阶段，城镇化持续推进过程中，生产经营规模不断扩大，新业态、新风险交织叠加，突出表现为风险隐患增多而本质安全水平不高、监管体制和法制体系建设有待完善、落实企业主体责任有待加强等。安全风险认不清、想不到和管不住的行业、领域、环节、部位普遍存在，重点行业领域安全风险长期居高不下，生产安全事故易发多发，尤其是重特大安全事故仍时有发生，安全生产总体仍处于爬坡过坎的艰难阶段。特别是昆山中荣"8·2"爆炸、天津港"8·12"爆炸、江苏响水"3·21"爆炸、湖北十堰"6·13"燃气爆炸等重特大事故给人民生命和国家财产造成严重损失，且影响深远。

　　2016年，国务院安委会发布了《关于实施遏制重特大事故工作指南构建双重预防机制的意见》（安委办〔2016〕11号），提出"着力构建企业双重预防机制"。该文件要求企业要对辨识出的安全风险进行分类梳理，对不同类别的安全风险，采用相应的风险评估方法确定安全风险等级，安全风险评估过程要突出遏制重特大事故。2022年，国务院安委会发布了《关于进一步强化安全生产责任落实坚决防范遏制重特大事故的若干措施》（安委〔2022〕6号），制定了十五条硬措施，发动各方力量全力抓好安全生产工作。

　　提高企业安全风险辨识能力，及时发现和管控风险点，使企业安全工作认得清、想得到、管得住，是遏制重特大事故的关键所在。"企业安全风险评估技术与管控体系研究丛书"通过对国内外风险辨识评估技术与管控体系的研究及对各行业典型事故案例分析，基于安全控制论以及风险管理理论，以遏制重特大事故为主要目标，首次提出基于"五高"风险（高风险设备、高风险工艺、高风险物品、高风险作业、高风险场所）"5＋1＋N"的辨识评估分级方法与管控技术，并与网络信息化平台结合，实现了风险管控的信息化，构建了风险监控预警与管理模式，属原创性风险管控理论和方法。推广应用该理论和方法，有利于企业风险实施动态管控、持续改进，也有利于政府部门对企业的风险实施分级、分类集约化监管，同时也为遏制重特大事故提供决策支持。

"企业安全风险评估技术与管控体系研究丛书"包含六个分册，分别为《企业安全风险辨识评估技术与管控体系》《危险化学品企业重大风险辨识评估与分级管控》《工贸行业重大风险辨识评估与分级管控 》《烟花爆竹企业重大风险辨识评估与分级管控 》《非煤矿山企业重大风险辨识评估与分级管控 》《金属冶炼企业重大风险辨识评估与分级管控》。丛书是众多专家多年潜心研究成果的结晶，介绍的企业安全风险管控的新思路和新方法，既有很高的学术价值，又对工程实践有很好的指导意义。希望丛书的出版，有助于读者了解并掌握"五高"辨识评估方法与管控技术，从源头上系统辨识风险、管控风险，消除事故隐患，帮助企业全面提升本质安全水平，坚决遏制重特大生产安全事故，促进企业高质量发展。

丛书基于 2017 年国家安全生产重特大事故防治关键技术科技项目"企业'五高'风险辨识与管控体系研究"（hubei-0002-2017AQ）和湖北省安全生产专项资金科技项目"基于遏制重特大事故的企业重大风险辨识评估技术与管控体系研究"的成果，编写过程中得到了湖北省应急管理厅、中钢集团武汉安全环保研究院有限公司、中国地质大学（武汉）、武汉科技大学、中南财经政法大学等单位的大力支持与协助，对他们的支持和帮助表示衷心的感谢！

"企业安全风险评估技术与管控体系研究丛书"丛书编委会
2022 年 12 月

前 言

工贸行业是我国国民经济重要的支柱产业、重要的民生产业和国际竞争优势明显的产业，是高新科技应用的主要产业和战略性新兴产业的重要组成部分，在繁荣市场、扩大出口、吸纳就业、促进城镇化等方面发挥着重要作用。近年来，我国经济持续增长，科技水平不断提高，各种新业态、新材料、新工艺、新设备和新技术等涌入工贸行业。随之而来的是工贸行业安全生产事故诱因多样化、类型复合化、范围扩大化和影响持久化，想不到和管不到的行业、领域、环节、部位普遍存在安全隐患。例如，昆山"8·2"粉尘爆炸、上海"8·31"重大液氨泄漏等重特大事故，更是给人民生命财产和社会安全造成严重损失。我国工贸行业安全生产形势依然严峻，以行业为重点预防重特大事故的管理思路已经不能适应当前安全生产的实际需要。为着力解决工贸行业存在的突出问题，有效防范各类事故，坚决遏制重特大事故，建立一套具有精准性、前瞻性、系统性和全面性的工贸行业风险防控体系具有重大现实意义和深远社会意义。

本书以安全科学前沿理论为基础，结合国家法律法规政策，针对我国安全生产实际需要，提出以风险防控为核心的工贸行业重大风险辨识评估与分级管控体系。经过编写团队对典型工贸企业现场的调研，收集近年来典型事故、安全评价报告、风险辨识等资料以及相关法规、标准，按工艺划分单元进行风险辨识与评估，形成"五高"风险清单；提出基于"5＋1＋N"的重大安全风险评估模式，研究提出固有风险以及动态风险的"五高"安全风险评估指标体系；构建风险评估模型，提出风险管控措施；在风险评估模型试点应用等过程中，形成了工贸行业基于遏制重特大事故的"五高"风险管控的核心理论。该成果结合实际制定科学的安全风险辨识程序和方法，系统性识别某个单元所面临的重大风险，分析安全事故发生的潜在原因，运用安全科学原理构建重大风险评估模型，建立基于现代信息技术的数据信息管控模式，全面实施和推进重大风险管理，对预防和减少工贸行业重特大事故的发生具有重要意义。

　　本书为"企业安全风险评估技术与管控体系研究丛书"的一个分册。全书共分为七章，第一章绪论；第二章工贸行业风险辨识评估技术与管控体系研究现状；第三章基于遏制重特大事故的"五高"风险管控理论；第四章工贸行业"五高"风险辨识方法；第五章工贸行业"五高"风险评估与分级；第六章工贸行业重点专项领域风险辨识评估模型应用分析；第七章工贸行业风险分级管控。其中，中国地质大学（武汉）黄莹撰写第一章，武汉科技大学卢颖撰写第二章，中国地质大学（武汉）罗聪撰写第三、四章，中国地质大学（武汉）张浩撰写第五、六章，湖北省应急管理厅彭仕优和湖北省地质调查院汪洋共同撰写第七章。

　　由于作者水平所限，加之技术发展迅速，书中不妥之处在所难免，恳请广大读者批评指正。

著者

2022 年 3 月

目 录

第一章　绪　论

第一节 概　述

当前我国正处在工业化、城镇化持续推进过程中，生产经营规模不断扩大，传统和新型生产经营方式并存，各类事故隐患和安全风险交织叠加，安全生产基础薄弱、监管体制机制和法律制度不完善、企业主体责任落实不力等问题依然突出，生产安全事故易发多发，尤其是重特大安全事故频发势头尚未得到有效遏制[1]。

重特大事故具有后果严重、预防艰巨的特点。近年来发生的昆山"8·2"、天津港"8·12"等多起重特大事故给人民生命财产和社会造成严重损失，影响深远[2]。为了遏制重特大事故，国家采取了一系列重大举措，包括持续不断地开展矿山、道路和水上交通运输、危险化学品、烟花爆竹、民用爆破器材、人员密集场所、涉氨制冷、涉尘爆场所等行业领域的专项整治，建立安全生产隐患排查治理体系等[3]。近几年国家各级政府相继发布了一系列文件，如国务院安委会办公室关于印发《标本兼治遏制重特大事故工作指南的通知》（安委办〔2016〕3号）和国务院安委会办公室《关于实施遏制重特大事故工作指南构建双重预防机制的意见》（安委办〔2016〕11号），《中共中央国务院关于推进安全生产领域改革发展的意见》等，详见表1-1。文件指出遏制重特大事故一定要关口前移、风险预控、闭环管理、持续改进，推动各地区、各有关部门和企业准确把握安全生产的特点和规律，探索推行系统化、规范化的安全生产风险管理模式，努力构建理念先进、方法科学、控制有效的安全风险分级管控机制，逐步把双重预防性工作引入科学化、信息化、标准化的轨道，把风险控制在隐患形成之前、把重特大事故消灭在萌芽状态[4-5]。湖北省安全生产"十三五"规划明确指出五高概念，规划指出要强化风险管控，以遏制重特大事故为重点，加强各行业领域"五高"（高风险设备、高风险工艺、高风险物品、高风险场所、高风险人群）的风险管控，不断完善风险管控与隐患排查治理机制，实现风险管控与隐患排查治理"两化"体系的有机融合，构建区域、行业、企业风险分级管控体系[6]。

表 1-1　主要政策文件

序号	名称	文件编号
1	标本兼治遏制重特大事故工作指南的通知	安委办〔2016〕3 号
2	中共中央国务院关于推进安全生产领域改革发展的意见	2016 年 12 月 9 日
3	安全生产"十三五"规划	国办发〔2017〕3 号
4	关于实施遏制重特大事故工作指南构建双重预防机制的意见	安委办〔2016〕11 号
5	关于印发工贸行业遏制重特大事故工作意见的通知	安监总管四〔2016〕68 号
6	工贸行业重大生产安全事故隐患判定标准(2017 版)	安监总管四〔2017〕129 号
7	关于印发开展工贸企业较大危险因素辨识管控提升防范事故能力行动计划的通知	安监总管四〔2016〕31 号
8	严防企业粉尘爆炸五条规定	安监总局令〔2014〕第 68 号
9	关于开展工贸企业有限空间作业条件确认工作的通知	安监总管四〔2014〕37 号
10	关于督促涉氨制冷企业重大事故隐患整改加强安全监管工作的通知	安委办函〔2016〕3 号
11	关于深入开展涉氨制冷企业液氨使用专项治理的通知	安委〔2013〕6 号
12	关于广东深圳精艺星五金加工厂"4·29"粉尘爆炸事故的通报	安监总厅管四〔2016〕39 号
13	国务院安全生产委员会关于印发《全国安全生产专项整治三年行动计划》的通知	安委〔2020〕3 号
14	国务院安全生产委员会关于印发《"十四五"国家安全生产规划》的通知	安委〔2022〕7 号

　　工贸行业子行业种类繁多，包含 8 个子行业：冶金行业、有色金属行业、机械行业、建材行业、纺织行业、轻工行业、烟草行业以及商贸行业[4]；同时各个子行业又涉及较多的子品类，且品类间的差异较大。因此在进行工贸行业重大风险辨识的第一步工作是分行业辨识，总共分为 6 大行业（除去冶金行业以及有色金属行业）。

　　另外，根据 2016 年国家安监总局印发的《工贸行业遏制重特大事故工作意见的通知》以及 2017 年颁布的《工贸行业重大生产安全事故隐患判定标准》，上述两文件指出要加强对工贸行业涉粉爆场所、液氨制冷领域、人员密集场所以及有限空间等易发生重特大事故的专项领域的治理和管控[5]。

因此在进行工贸行业重大风险辨识时，把这 4 大类作为工作重点单独提出来。

工贸行业领域宽、企业数量大、从业人员多，安全基础薄弱[7]。近年来，工贸行业企业中存在的较大危险因素成为诱发各类安全生产事故的主要根源。易燃易爆粉尘、高温熔融金属、冶金煤气、液氨等引发的重特大事故时有发生[8]。2013 年上海翁牌冷藏实业有限公司"8·31"重大液氨泄漏事故，造成 15 人死亡，7 人重伤，18 人轻伤，造成直接经济损失约 2510 万元；2013 年吉林省长春市宝源丰禽业有限公司"6·8"特别重大火灾爆炸事故，造成 121 人死亡、76 人受伤，直接经济损失 1.82 亿元；2014 年 12 月 31 日，广东富华工程机械制造有限公司的车轴装配车间发生重大爆炸事故，造成 18 人死亡、32 人受伤，直接经济损失 3786 万元；2014 年 8 月 2 日，江苏省苏州市昆山中荣金属制品有限公司的抛光二车间发生特别重大铝粉尘爆炸事故，造成 97 人死亡、163 人受伤，直接经济损失 3.51 亿元。

早在上海翁牌冷藏实业有限公司液氨泄漏事故后，国务院安委会出台《关于深入开展涉氨制冷企业液氨使用专项治理的通知》（安委〔2013〕6 号）；江苏昆山"8·2"重大爆炸事故发生后，国家安全生产监督管理总局（简称国家安监总局）制定了《严防企业粉尘爆炸五条规定》。同时，为提高工贸行业企业风险防范能力，有效预防和遏制各类事故特别是重特大安全生产事故的发生，国家安监总局决定自 2016 年起在工贸行业，主要是冶金、有色、建材、机械、轻工、纺织等 6 个行业企业开展较大危险因素辨识管控、提升防范事故能力，即《国家安全生产监督管理总局关于印发开展工贸企业较大危险因素辨识管控提升防范事故能力行动计划的通知》（安监总管四〔2016〕31 号）。同年，《国家安全生产监督管理总局关于印发工贸行业遏制重特大事故工作意见的通知》（安监总管四〔2016〕68 号）指出，加强对重要场所、设备、作业的风险管控和监督检查。一是重大危险源；二是现场作业人员超过 10 人的密集型作业场所、涉爆粉尘场所、涉及液氨等危险化学品使用的场所；三是停产、复产、检维修、相关方作业等关键环节；四是高温熔融金属吊运、冶金煤气、有限空间、动火等危险作业。此外，为准确判定、及时整改工贸行业重大生产安全事故隐患，有效防范遏制重特大生产安全事故，国家安监总局印发《工贸行业重大生产安全事故隐患判定标准（2017 版）》（安监总管四〔2017〕129 号）。

上述举措对遏制重特大事故发生有着一定的作用，但这种管理模式很难保证今后不再发生相似类型的重特大事故。随着新业态和新材料、新工艺、新设备、新技术的涌现，随之而来的是安全生产事故诱因多样化、类型复合化、范围扩大化和影响持久化，想不到和管不到的行业、领域、环节、部位普遍存在[9]。非传统重点监管行业（领域）重特大事故数量及占比都处于较高水平。国内近年发生的重特大事故表明，以行业为重点预防重特大事故的管理思路已经不能适应当前安全生产的实际，如何针对预防重特大事故建立一套具有精准性、前瞻性、系统性和全面性的防控体系，是摆在我们面前的一个重大课题。

"基于遏制重特大事故的企业重大风险辨识评估技术与管控体系研究——其他工贸行业重大风险辨识评估与分级管控研究"旨在建立工贸行业统一的重大风险辨识和评估分级的方法，据此构建精准性、前瞻性、系统性和全面性的安全风险管控体系。综上，建立健全工贸行业统一的风险辨识评估技术与管控体系是工贸行业自身安全生产现状的需求，符合国家安全生产发展战略的引导和要求，是落实《安全生产"十三五"规划》的需要，是国家安全生产发展战略在工贸行业安全生产领域的具体贯彻和实施，也是实现工贸行业安全生产领域科学发展的根本出路。

第二节　补充内容及技术路线

一、研究目标

1. 提出工贸行业重大风险辨识和评估分级方法

确定可行的安全风险辨识程序和方法，系统辨识工贸行业特定单元（区域或者企业）存在的"五高"风险，编制工贸各个子行业的"五高"风险清单；对"五高"风险进行分类梳理，构建信息化需求的风险评价指标体系，建立风险评估模型；根据风险清单和评估模型的试算应用结果，确定四级风险的分级阈值。

2. 形成工贸行业重大风险分级智能化管控体系

根据风险评价的结果，研究建立企业、行业、区域的风险管控机制，结合信息化、数字化技术，确定各级政府及其负有安全生产监管职责的部门乡镇及企业的风险管控责任，形成智能化的风险分级管控体系。

二、关键技术研究

1. 工贸行业六个子行业重大风险辨识方法研究

采取单元到风险点的"五高"重大风险辨识方法。借鉴安全标准化单元划分经验，以存在相对独立的工艺系统为固有风险评估单元；结合实地调研和事故案例分析的结果，以可能诱发该单元的重特大事故点作为风险点；基于单元内的事故风险点，从"五高"即高风险物品、高风险场所、高风险人群、高风险设备、高风险工艺辨识高危风险因子，并形成单元高危风险清单，进而汇聚成各个子行业的安全风险清单。

2. 重大风险评估与分级方法研究

基于物品固有风险、设备固有风险、工艺固有风险、场所固有风险、作业固有风险建立风险点的固有风险评估模型；结合人员暴露指数，构建单元固有风险评估模型，将风险点固有风险耦合成单元的固有风险；将评估模型应用在工贸的各个子行业的典型单元，依据试算结果的可比性原则，确定固有风险的分级标准；将单元固有风险和标准化的等级形成风险矩阵，得到单元的现实风险；确定各个单元的五大类动态指标（监测指标、自然环境指标、大数据指标、特殊时期指标、事故隐患动态指标），确定动态指标对单元现实风险的扰动程度，以此评估单元的动态风险。

3. 企业、行业、区域风险的聚合方法研究

研究不同类型、不同级别的风险的聚合方法，主要包括从单元到企业的风险聚合方法，从企业到区域的风险聚合方法。

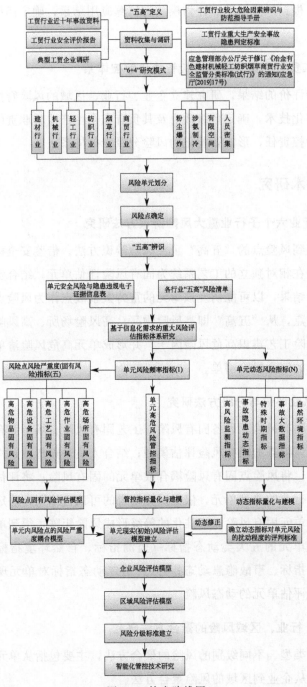

图 1-1 技术路线图

4. 智能化的风险分级管控技术研究

研究建立工贸行业智能化的风险管控机制，确定省、市、县政府及负有安全生产监管职责的部门、乡镇（街道办事处）及企业的风险管控责任，形成系统性风险分级管控体系。

三、创新点

（1）科学定义与界定"五高"风险，提出了风险点到单元的"五高"风险辨识技术，并编制了工贸行业"五高"风险清单；

（2）提出了"5＋1＋N"的"五高"风险评估指标体系，构建点—单元—企业—区域四层风险评估模型；

（3）提出基于"五高"风险的工贸行业风险管控模式。

四、技术路线

本研究以"五高"风险理论出发，针对工贸行业"6＋4"研究模式，进行风险辨识、评估及风险分级管控体系研究，技术路线如图 1-1 所示。

第三节 研究成果及展望

一、研究成果

1. 提出由单元到风险点的工贸行业六大子行业重大风险辨识方法

基于遏制重特大事故的"五高"风险管控思想，借鉴安全标准化单元划分经验并结合实地调研和事故案例分析的结果，提出了适用于工贸六大子行业的重大风险辨识和评估分级方法，从风险点到单元，系统地对工贸行业内的"五高"进行辨识和评估。辨识方法采取"6＋4"的模式，以 6 大子行业（轻工、建材、机械、纺织、烟草、商贸行业）为依托，侧重 4 大类重点专项领域（人员密集、液氨制冷、有限空间、粉尘爆炸）的辨识评估工作，依据工艺特点，在重点专项领域中划分各个子行业的评估单元，最后分析单元内的事故风险点，进而辨识评估风险点的"五高"风险。

2. 编制汇总工贸六大子行业的"五高"风险清单

依据工贸行业六大子行业重大风险辨识方法，形成单元高危风险清单，进而汇聚成各个子行业的安全风险清单。将工贸六大行业共划分了 50 个风险单元，所有风险单元共包括 127 个风险点，编制了工贸行业"五高"风险清单，从而具体展示了"五高"风险的存在部位和危险特性，为后期的风险评价提供依据和参考。

3. 建立针对"五高"的风险评估模型

本书构建了满足信息化需求的风险评估指标体系，即"5＋1＋N"风险指标体系。"5"即五大固有风险指标：设备本质安全化水平、监测监控设施失效率、物质危险性、场所人员风险暴露指数、高风险作业种类。其中，设备本质安全化水平表征高风险设备，监测监控设施失效率表征工艺，物质危险性表征高风险物品、场所人员风险暴露表征高风险场所，高风险作业种类表征作业的危险性。"1"指表征事故风险频率变化的风险管控指标，通过标准化的等级来确定。"N"指工贸行业风险动态调整指标，包括物联网监测指标、事故隐患动态指标、事故大数据指标、特殊时期动态指标以及自然环境的动态指标。根据"5＋1＋N"风险指标体系提出了"5＋1＋N"风险指标计量方案，确定高风险设备指数 h_s、物质危险指数 M、场所人员暴露指数 E、监测监控设施失效率修正系数 K_1、高风险作业危险性修正系数 K_2、物联网监测指标、事故隐患动态指标、事故大数据指标、特殊时期动态指标以及自然环境动态指标的赋值方法。

基于"5＋1＋N"风险指标体系和"5＋1＋N"风险指标计量方案建立单元风险评估模型，在固有风险评估模型基础上，综合考虑高危风险监测特征指标、特殊时期指标和自然环境指标对风险点初始安全风险、单元固有危险指数进行修正，并将事故隐患、安全教育培训、应急演练及生产安全事故四项安全生产管理基础动态指标纳入风险评估模型中。按照评估模型依次计算区域风险和现实风险，最终得出工贸企业的整体风险，按照风险分级方法对工贸企业实施风险分级。根据风险清单和评估模型的试算应用结果，确定四级风险的分级阈值，依照所计算的风险阈值判断工贸企业的风险等级。风险阈值的计算方法包括以暴露指数、物质危险性为主要依据的类"穷举法"以及以事故后果为依托的"权重"计算法。

4. 构建工贸行业重大风险分级智能化管控体系

以工贸企业安全风险辨识清单和五高风险辨识评估模型为基础，对工贸企业的安全风险全面辨识和评估，建立工贸企业安全风险"PDCA"闭环管控模式，构建源头辨识、分类管控、过程控制、持续改进、全员参与的安全风险管控体系。基于隐患和违章电子取证进行远程管控和执法，依靠风险一张图和智能监测系统进行风险信息的钻取和监测，从通用风险清单辨识管控、重大风险管控、单元高危风险管控和动态风险管控四个方面实现工贸行业风险分类管控，确定各级政府及其负有安全生产监管职责的部门、乡镇及企业的风险管控责任，形成智能化、系统化的风险分级管控体系。

二、展望

本书对工贸企业重大风险辨识评估与分级管控研究进行了研究，取得了一定成果，但是还有一些问题和不足，需要在后续研究中进一步完善。

（1）进一步修改和完善《工贸各子行业重大风险辨识评估技术标准》，加快推进地方标准出台。现有相关标准在工贸各子行业的风险险辨识、评估分级等方面仍然存在短板。《工贸各子行业重大风险辨识评估技术标准》的制定能够指导工贸企业掌握科学的安全风险辨识程序和方法，运用安全科学原理构建重大风险评估模型，建立基于现代信息技术的数据信息管控模式，对于预防和减少轻工行业各种加工企业的重特大安全事故具有重大意义，不仅有利于企业自身的安全管理工作，也是对现有安全政策的落实与支持。

（2）开展工贸行业"五高"风险场景智慧识别研发，实现风险因子的识别与预警并将其纳入"五高"风险辨识评估模型中，提高风险管控效率。基于深度学习算法及图像处理技术，智能识别工贸企业生产运行及作业过程中的违章操作行为、环境异常事件，发现隐患后立即报警并主动推送，逐步代替传统的人工监控值守和现场巡查，提升现场智能化水平及事故早期识别发现能力。

（3）在工贸行业重点领域开展"五高"风险辨识、评估、分级管控技术的推广应用。将重大风险辨识评估与分级管控落实到到日常应用中，真正起到促安全、消隐患、除事故的作用。

（4）未来充分利用"互联网＋"信息化、自动化手段，建立工贸企业安全生产风险分级管控一体化智能监控管理平台，推动工贸行业重大风险辨识评估与分级管控工作，有效促进工贸企业安全生产，遏制工贸行业重特大事故发生。

参考文献

[1] 中共中央国务院．关于推进安全生产领域改革发展的意见[Z].2016-12-09.

[2] 国务院安委会办公室．关于实施遏制重特大事故工作指南构建双重预防机制的意见[Z].2016-10-09.

[3] 国家安监总局．关于工贸行业遏制重特大事故工作意见的通知[Z].2016-6-28.

[4] 工信部．《"工业互联网＋安全生产"行动计划（2021-2023 年）》[Z].2020-10-10.

[5] 国务院办公厅．关于印发安全生产"十三五"规划的通知[Z].2017-2-3.

[6] 省人民政府办公厅．关于印发 湖北省安全生产"十三五"规划的通知[Z].2017-6-22.

[7] 国家安监总局．《工贸行业重大生产安全事故隐患判定标准（2017 版）》[Z].2017-12-5.

[8] 国务院安委会．关于深入开展涉氨制冷企业液氨使用专项治理的通知[Z].2013-9-18.

[9] 徐克，陈先锋．基于重特大事故预防的"五高"风险管控体系[J].武汉理工大学学报（信息与管理工程版），2017, 39（06）: 649-653.

第二章　工贸行业风险辨识评估技术与管控体系研究现状

第一节　风险辨识评估技术研究现状

一、国外研究现状

风险分析与风险评价方法的选用，因不同国家、不同行业、风险分析人员的个人偏好而有所不同[1]。国际上将上百种风险评价方法分为三大类：定性方法、定量方法、混合型方法[2]。

定性评价方法是根据经验以及相关理论对生产系统中的场所、工艺、设备、物品以及作业进行定性的评价分析[3]。该类评价方法优点是实施方便，评价过程及结果简单直观，但由于主观经验成分较高，难以对系统进行深层次的风险评估。定量评价方法是根据一定的算法和规则对系统中的各个要素的危险性进行量化，从而量化整个系统的危险性[4]。该类方法评价准确性较高，结果直观，便于不同种方法进行结果比较。混合型方法即定性定量相结合的评价方法，该类方法结合实际经验对系统要素赋值，根据风险值对要素分级，优点是可操作性强，要素风险值明确，缺点是不适用于复杂系统，难以评估人员失误的概率。实际评估时，根据评价对象的复杂程度以及行业特点，分析、比较和选用合适的评价方法[5]。

发达国家工业进程较早，工业事故不断发生，工业生产系统趋向于大型化和复杂化，尤其是化工行业不断发生火灾、爆炸、有毒气体泄漏等重大安全事故。在此背景下，风险辨识与评估工作得到了飞速的发展[6]。发达国家开展风险辨识和评估的工作较早，提出的风险辨识和评估的方法众多，目前常用的风险辨识方法有专家调查法、安全检查表、危险与可操作性研究、事故树分析等，常用的风险评估方法有预先危险性分析、事故树分析、危险和可操作性研究、故障类型和影响分析、作业条件危险性评价方法、矩阵法、事故后果模拟评价法等，另外还有适用于化工行业的美国陶氏化学公司（DOW）法、帝国化学公司（ICI）蒙德法、日本劳动省"化学工厂六步骤安全评价法"、俄罗斯化工过程危险性评价法等，适用于特种设备安全领域的基于风险的检验方法（RBI）等，部分风险评估方法（如事故后果模拟）已经开发了相关软件，应用范围较广。欧洲的一些大型化工企业对化工项目进行 SHE 评估，其特征是安全、健康、环保 3 个学科问题一起进行研究、评估，以安全为主。这些风险评估方法大体上发展为基于指数的评估方法、基于概率的评估方法和基于风险分级的评估方法三类。

基于指数的评估方法以美国陶氏化学公司法为代表。美国陶氏化学公司率先提出了火灾爆炸指数法，开创了化工安全生产风险评估的先河，同时也大力推动了工业风险评估方法的发展。目前在陶氏化学公司法的基础上，更多基于危险指数的风险评估方法被提出。英国帝国化学公司提出了蒙德法，将毒性系数纳入到危险系数评估中，并将生产系统中的安全防护措施以及其他危险因素以补偿系数的形式引入到风险评估模型中，完善了基于危险指数的评估方法。日本劳动省借鉴陶氏化学公司法和蒙德法的理论，提出了"化学工厂六步骤安全评价法"，该方法将装置分成工序再分为单元，再给单元的危险指标进行量化，取单元的最大危险指数为工序的危险程度，同时采用系统科学与理论来进行分析，使分析结果更系统、更准确。

航空航天等高新技术的发展推动了基于概率风险评价（PRA）的评估技术的发展，工业发达国家将该类方法应用到核工业和化工行业中，例如美国原子能委员会开发了反应堆评估技术并对商用核电站的危险进行了全面评价。基于风险概率评价的评估技术在西方国家很多项目中得到了应用，并有对应的评价软件，促进了安全风险评估的信息化、高效化[7]。

在特种设备领域，传统风险评估的方式往往是定期检查或随机抽样检查，但由于风险分布不均，且部分风险集中在某一部位，传统方法存在检测效率不高的弊端。近十多年来，国外开始广泛使用 RBI 技术对特种设备进行风险评估。基于风险的检验（RBI）以风险评价分级为基础，通过获得设备原始数据了解设备的服役情况，并结合工艺参数、历史检测、设计条件等数据，运用失效分析技术对设备失效可能性和失效后果两方面进行综合评价，得出风险等级并对各个设备进行风险等级排序，根据可接受风险水平划分高风险设备和低风险设备，从而针对性地对高风险设备频繁进行评估检查，对低风险设备的检测频率可适当降低，从而提高风险评估的效率。

二、国内研究现状

目前，国内主要是引用国外已有的风险辨识和评估方法。模型的选取可以参考《风险管理 风险评估技术》（GB/T27921—2011），有针对性地选取各个环节可能用到的方法。我国在20世纪80年代率先在化工、机电、航空和交通等部门和行业对安全评价进行探索，颁布了一系列行业风险评估辨识标准。在改革开放之后国家经济得到了飞速的发展，工业实力和规模也大大增强，但在风险评估辨识技术上起步较晚，应用不成熟，由此发生的大量安全生产事故造成了巨大的经济损失，也阻碍了工业的飞速发展。自20世纪90年代潘家华教授提出风险评估技术后，国内研究者借鉴国外优秀的风险评估理论和技术，探索符合中国工业现状的风险评估技术，并投入应用到工程项目中[8]。因此，我国近年来大力发展安全评价技术，推动校企联合研究，结合我国工业实际情况，开展安全评价技术的开发工作，陆续提出了一些风险评价方法，如适用于化工园区、化工企业的定量风险评价方法[9-10]。21世纪初，《安全生产法》的颁布，对生产经营单位提出了安全生产评价和重大危险源管理的要求，大力促进了我国危险源辨识和风险评价工作的开展[11]。

在化工领域，我国正在努力构建完善的风险评估体系。我国对达卧线天然气长输管道进行了风险辨识评估，并编制了风险管控软件，随后，相关研究人员采用W. Kent Muhlbauer指数评价法完成对乌鲁木齐煤气、天然气管道工程的风险评估。在化学品评估方面，我国借鉴欧盟《化学品注册、评估、授权和限制》（REACH）的思路，提出了对生态毒性和涉及环境的部分暴露场景的研究。

在特种设备安全领域，我国开展了对锅炉、压力容器和压力管道的风险评估技术和方法的研究，并结合我国实际情况，在英美的风险评估技术和方法的基础上进行修正和改进，在评价指标、评价方法以及评价软件上都取得了较大的进展[12]。

我国风险评估技术起步较晚，近年来经济的飞速发展带动了风险评估技术的研究，但与欧美国家相比，评估体系尚不完整，评估深度不够且评估普及程度不够[13]。作为世界上最大的发展中国家，我国职业伤害水平较高，工业基础薄弱，科学技术水平较低，法律不够健全，管理水平不高，发展水平不平衡，需要加强风险评估辨识。总体来看，目前我国的风险辨识评估技术仍处于研究探索阶段，但近年来的成果证明我国风险评估技术起点高，在日后的研究和实际应用中，只要考虑到我国的实际情况，在借鉴国外先进技术的基础上研发，必然会给我国的经济发展带来巨大收益。

第二节　风险管控体系研究现状

一、国外研究现状

在风险管控方面，发达国家通过制定和颁布相关法规和不断修正，逐渐形成一套相对严密与完善的管理机制，采取了事先监督、落实各种防范措施，消灭事故隐患。自 20 世纪 80 年代以来，欧美国家便颁布了法规，要求企业必须对重大风险源进行风险分析、评价和管理。风险管控法律健全后，西方国家职业伤害事故水平一直处于稳步下降的趋势。进入 21 世纪，发达国家面临的安全生产方面主要任务由职业安全转变为职业健康保健，相应的研究机构、管理机构和法规标准倾向于职业健康。

西方国家经过长时间的探索，逐步形成了法律手段和经济手段双管齐下的风险管控架构。政府通过法律手段设立规范，强制企业做好风险管控工作。通过保险体系实施的经济调节是风险管控的有力保障。安全生产的保险金与企业工作环境相关，保险公司通过与企业风险相关的可变保险金对投保企业进行经济调节，通过风险评估和管理查询，督促并协助企业改善安全生产状况。如果企业风险评估结果较差，则该企业必然会支付巨大的投保金，但企业若积极采取措施，降低了风险等级，则保险公司会调低投保费率从而减少企业的经济支出。因此，对于投保企业而言，不注重本企业的风险管控的代价就是支付高额的保金，而安全状况的改善不仅可以降低支付的保金，同时也极大降低了由安全事故的发生概率，从而增加了企业的经济效益，这种风险与保金密切相连的机制在企业风险管控方面起到了重要的作用。保险公司为企业提供风险评估和管理咨询服务，帮助企业改善生产环境，促进企业的安全生产。保险公司不仅通过经济杠杆对投保企业的安全状况进行调控，并且在杠杆的反作用下，自身对风险管控的研究也在不断深入。

在煤矿安全领域，美国建立了矿山安全与卫生署，作为一个独立的安全监察部门，其与政府没有任何从属关系，从而从机制上防止了检查人员与企业、地方政府结成利益同盟。美国所颁布的《矿山安全法》以及相关配套规章制度的实施，加上新技术的推广使用，煤矿行业每年死亡人数逐年降低，采矿业成为比建筑业、运输业还要安全的行业。日本政府为应对经济飞速发展带来的安全问题，制定了《劳动卫生安全法》《矿山安全法》《劳动灾难防止团体法》等一系列法律法规，建立了煤矿风险管控体系，同时建立了一支强有力的安全监督队伍，重视风险的超前管理和过程管理，并设立了"中央劳动安全卫生委员会"，负责检查安全措施的落实情况，知道和督促企业履行安全义务，做好风险管控。

同时，国外的工业企业也开发出了成熟的风险管理软件用于风险管控，取得了巨大的经济效益和社会效益。美国 Amoco 管道公司（APL）、NGPL 公司、科罗尼尔管道公司分别采用风险指标评价模型对所属的油气管道或储罐进行风险管理。英国气体公司（BG）按照英国工程学会（IEG）TD/1 英国管道标准草案 BS8010 编制开发了用于输气管道风险及危害性分析的软件包 TRANSPIRE。法国国际检验局按照美国 API581 的标准编制了用于各类化工设备及管道风险评估的软件 R. B. Eye。

二、国内研究现状

国务院下发的《决定关于进一步加强企业安全生产工作的通知》（国发〔2010〕23 号），国务院安委会《关于深入开展企业安全生产标准化建设的指导意见》（安委〔2011〕4 号），以及国家安监总局、中华全国总工会、共青团中央颁布的《关于深入开展企业安全生产标准化岗位达标工作的指导意见》（安监总管四〔2011〕82 号）等文件，提出了安全生产标准化建设的要求。2010 年，《企业安全生产标准化基本规范》（AQ/T 9006—2010）发布，突出风险管控的重要性，强调全员参与、过程控制、持续改进，充分体现隐患管理和事故预防的思想。2016 年国家提出推行风险等级管控、隐患排查治理双重预防性工作机制。国务院安全生产委员会《关于印发 2016 年安全生产工作要点的通知》（安委〔2016〕1 号）要求深入分析容易发生重特大事故的行业领域及关键环节，在矿山、危险化学品、道路和水上交通、建筑施工、铁路及高铁、城市轨道、民航、港口、油气输送管道、劳动密集型企业和人员密集场所等高风险行业领域，推行风险等级管控、隐患排查治理双重预防性工作机制。国务院安委会办公室《关于印发标本兼治遏制重特大事故工作指南的通知》（安委办〔2016〕3号）和国务院安委会办公室《关于实施遏制重特大事故工作指南构建双重预防机制的意见》（安委办〔2016〕11号），指出遏制重特大事故一定要坚持关口前移、风险预控、闭环管理、持续改进，推动各地区、各有关部门和企业准确把握安全生产的特点和规律，探索推行系统化、规范化的安全生产风险管理模式，努力构建理念先进、方法科学、控制有效的安全风险分级管控机制。国务院安全生产委员会《关于印发2017年安全生产工作要点的通知》（安委〔2017〕1号）要求贯彻落实《标本兼治遏制重特大事故工作指南》，制定、完善安全风险分级管控和隐患排查治理标准规范，指导、推动地方和企业加强安全风险评估、管控，健全隐患排查治理制度，不断完善预防工作机制。

随着国家监管力度逐步加大，各省市、行业逐步建立预防控制体系。山西汾河焦煤股份有限公司基于以往矿井安全管理体系构建研究的成果，提出了"三位一体"安全管控体系；国网泉州供电公司，提出建立基于"互联网＋"风险分级管控体系；中国石化西南油气分公司从影响安全生产的因素出发，结合西南油气分公司的实际，建立安全风险管理体系。现阶段的风险管控体系主要还是依据传统的风险管理程序来开展工作，在实际中存在概念不清、风险辨识不到位、风险分级结果与风险管控措施脱节等问题。

第三节　典型案例与分析

2010年至2020年，全国工贸行业发生事故具有总量大、频次高、重大事故多等特点，发生事故的企业主要集中在建材、轻工等行业；事故类型以有限空间作业事故、粉尘爆炸事故和涉氨事故三大类事故为主。据统计 2010—2017 年，全国工贸行业共发生有限空间作业较大以上事故 112 起，死亡 426 人，分别占工贸行业较大以上事故总数的 43.1% 和 42.0%。2005—2015 年，我国粉尘爆炸事故发生 72 起，死亡 262 人，受伤 634 人。2007—2015 年我国共发生氨泄漏事故 187 起，造成 174 人死亡，1686 人中毒，近万人疏散，主要集中在非化工企业，尤以氨制冷企业为最多。

本书对工贸行业近十年来（2010—2020 年）较大及以上事故案例进行了搜集、整理及分析，共搜集事故案例 99 例。

一、典型事故案例

1. 案例（一）昆山"8·2"特别重大爆炸事故

2014 年 8 月 2 日 7 时 34 分，位于江苏省苏州市昆山市昆山经济技术开发区的昆山中荣金属制品有限公司（台商独资企业，以下简称中荣公司）抛光二车间（即 4 号厂房，以下简称事故车间）发生特别重大铝粉尘爆炸事故，当天造成 75 人死亡、185 人受伤。依照《生产安全事故报告和调查处理条例》（国务院令第 493 号）规定的事故发生后 30 日报告期，共有 97 人死亡、163 人受伤（事故报告期后，经全力抢救医治无效陆续死亡 49 人，尚有 95 名伤员在医院治疗，病情基本稳定），直接经济损失 3.51 亿元。

2. 案例（二）温州"8·5"铝粉尘爆炸重大事故调查报告

2012 年 8 月 5 日 16 时 40 分左右，温州市瓯海区郭溪街道郭南村郭溪街 215 至 219 号后面的一幢共 4 间半二层房屋（总面积约 300 平方米）因生产过程中铝粉尘发生爆炸导致坍塌并燃烧，事故共造成 13 人死亡、15 人受伤（其中 6 人重伤）。

3. 案例（三）长春市"6·3"特别重大火灾爆炸事故调查报告

2013 年 6 月 3 日 6 时 10 分许，位于吉林省长春市德惠市的吉林宝源丰禽业有限公司主厂房发生特别重大火灾爆炸事故，共造成 121 人死亡、76 人受伤，17234 平方米主厂房及主厂房内生产设备被损毁，直接经济损失 1.82 亿元。

4. 案例（四）上海"8·31"重大氨泄漏事故调查报告

2013 年 8 月 31 日 10 时 50 分左右，位于宝山城市工业园区内（丰翔路1258 号）的上海翁牌冷藏实业有限公司，发生氨泄漏事故，造成 15 人死亡，7 人重伤，18 人轻伤。

5. 案例（五）山东华沃水泥公司"8·19"较大中毒事故调查报告

2017 年 8 月 19 日 9 时许，位于枣庄市峄城区的华沃（山东）水泥有限公司原料车间在检修过程中发生一起一氧化碳较大中毒事故，造成 1 人中毒，4 人因施救不当中毒，5 人经抢救无效死亡，直接经济损失约 699 万元。

6. 案例（六）深圳天乐大厦"5·13"较大中毒和窒息事故调查报告

2018 年 5 月 13 日，深圳市罗湖区东晓街道布吉路 1021 号天乐大厦负一楼污水泵房的污水池内发生一起有限空间作业事故，事故造成 3 人死亡，1 人受伤。

7. 案例（七）广东富华工程机械制造有限公司"12·31"重大爆炸事故调查报告

2014 年 12 月 31 日 9 时 28 分许，位于佛山市顺德区勒流街道港口路的广东富华工程机械制造有限公司车间三的车轴装配车间发生重大爆炸事故，造成 18 人死亡、32 人受伤，直接经济损失 3786 万元。

8. 案例（八）广东省普宁市"3·26"重大火灾事故调查报告

2014 年 3 月 26 日 13 时 20 分，位于普宁市军埠镇莲坛村沙堆自然村水浮沟下第二街泉发楼郑晓生等人经营的内衣作坊发生重大火灾事故，造成 12 人死亡，5 人受伤，过火面积 208 平方米，直接经济损失 390.93 万元。

9. 案例（九）深圳市光明新区公明精艺星五金加工厂"4·29"较大爆炸事故

2016 年 4 月 29 日 16 时 05 分许，位于深圳市光明新区公明办事处田寮社区第一工业区的深圳市光明新区公明精艺星五金加工厂发生爆炸事故。在《生产安全事故报告和调查处理条例》（国务院令第 493 号）规定的事故发生后 30 日报告期内，共有 5 人死亡，5 人受伤。

10. 案例（十）深圳市"12·11"重大火灾事故

2013 年 12 月 11 日 1 时 26 分许，深圳市光明新区公明办事处根竹园社区，深圳市荣健农副产品贸易有限公司下属的荣健农副产品批发市场发生重大火灾事故，造成 16 人死亡、5 人受伤，过火面积 1290 平方米，直接经济损失 1781.2 万元。

二、事故案例分析

通过对工贸行业近十年的事故搜集和统计分析，共搜集事故近百例，主要结论如下：

工贸行业事故总体是减缓趋势，但是依然可能发生重特大事故，导致较大的人员伤亡及和财产损失，仍需加强管理。

工贸各子行业中，轻工行业事故起数较多，尤其是食品加工业事故发生起数较多，且近年来呈现小幅上升趋势；机械行业事故起数虽不多，但导致的死亡人数最多，经济损失也最大；建材行业事故造成的伤亡情况和损失相对较少，但是每年都有，应该引起重视；纺织行业事故较为单一，近年来事故无上升趋势；商贸行业事故容易造成群死群伤，且事故发生有较大波动。详细分析数据见下文。

（一）工贸行业事故整体分析

1. 工贸行业事故在子行业上的分布情况

通过对 2010—2020 年工贸行业较大及以上事故的搜集，共搜集事故案例 99 例。首先，按照子行业划分，对事故伤亡人数、事故起数、经济损失情况进行统计分析，统计结果如表 2-1 所示，事故起数在各子行业的占比情况如图 2-1 所示，死亡人数在各子行业的占比情况如图 2-2 所示。

表 2-1　工贸行业事故伤亡人数、事故起数、经济损失情况

所属子行业	死亡人数/人	受伤人数/人	经济损失/万元	事故起数/起
纺织行业	45	5	3308.58	13
机械行业	198	278	3521345.38	14
建材行业	76	26	15308.22	21

所属子行业	死亡人数/人	受伤人数/人	经济损失/万元	事故起数/起
轻工行业	323	292	20522.91	30
商贸行业	172	87	17369	19
烟草行业	0	0	0	2

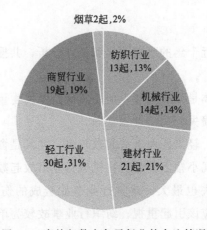

图 2-1　事故起数在各子行业的占比情况

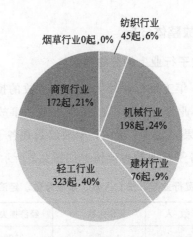

图 2-2　死亡人数在各子行业的占比情况

从事故发生起数看，轻工行业事故发生起数最多，占整个工贸行业事故的31%，其次是建材、商贸行业的事故起数，分别占整个工贸行业的 21%、

19％，机械行业、纺织行业的事故起数相对较少，分别占14％、13％。从死亡人数看，轻工行业的死亡人数最多，占整个工贸行业死亡人数的40％，其次是机械行业、商贸行业，分别占24％、21％，建材、纺织事故死亡人数也相对较少，分别占9％、6％；从累计造成的经济损失来看，可以看到机械行业事故造成的经济损失最大，达到3521345.38万元，其次是轻工行业，累计经济损失达到20522.91万元，其次是商贸和建材行业，纺织和烟草行业事故造成经济损失相对较少。

总的来说，轻工行业事故发生起数最多，死亡人数最多，造成的经济损失也较大；机械行业事故起数虽相对较少，但是死亡的人数和造成的经济损失较大；商贸行业事故起数较多，事故造成的死亡人数和经济损失也较多；建材行业事故起数多，但事故造成的死亡人数和经济损失相对较小；纺织行业事故起数少，造成的死亡人数和经济损失也较小。

2. 工贸行业事故在月份上的分布情况

从微观时间层面，对工贸行业事故发生规律进行统计分析，结果如表2-2、图2-3所示。事故发生最多的月份是4月、8月，达到了12起；其次是5月和7月，事故起数达到10起；1月、10月、12月事故发生起数也较多，达到9起；3月事故起数次之，为8起；6月、9月、11月事故起数较少，分别为6起和5起；2月事故起数最少，只有3起。总体来看，夏季事故发生的起数最多，年中事故发生次数较多。

表 2-2　1 月—12 月工贸行业事故起数

月份	1月	2月	3月	4月	5月	6月	7月	8月	9月	10月	11月	12月
事故起数/起	9	3	8	12	10	6	10	12	6	9	5	9

3. 工贸行业事故在年份上的分布情况

从宏观时间层面，对工贸行业事故进行统计分析，统计分析的结果如表2-3、图2-4所示。从经济损失来看，2014年的累计经济损失最高，达到3517589.13万元，2013年次之；其次是2018年和2019年，累计经济损失也高达11100万元以上；2010年、2015年、2016年、2017年、2020年经济损失相对较少，但基本也在千万元以上；2011年经济损失最少，仅达300万元。

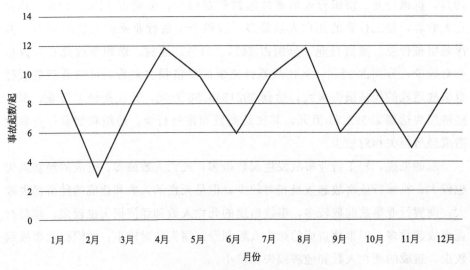

图 2-3　事故起数在月份上的分布情况

表 2-3　2010—2020 年工贸行业事故伤亡情况、事故起数、经济损失情况

年份/年	死亡人数/人	受伤人数/人	经济损失/万元	事故起数/起
2010	29	47	1773	4
2011	31	12	300	7
2012	19	19	不全	3
2013	190	163	13709.06	12
2014	159	216	3517589.13	8
2015	85	42	9555.33	14
2016	42	48	3941	7
2017	22	29	2072.8	8
2018	106	32	11125.17	21
2019	80	38	11994.6	11
2020	51	42	5794	4

从事故起数和伤亡人数来看，2013 年事故死亡人数最多，高达 190 人，2014 年次之，159 人；其次是 2018 年，死亡人数也达到 106 人；2015 年和 2019 年事故死亡人数也超过了 80 人；2017 年事故死亡人数最少，仅 22 人。就受伤人数看，2014 年事故受伤人数最多，高达 216 人，2013 年受伤人数次之，为 163 人；其次是 2010 年、2015 年、2016 年、2010 年，受伤人数均超

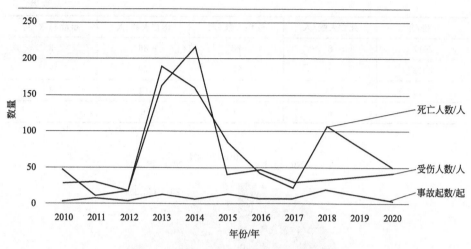

图 2-4　工贸事故死亡受伤人数、起数情况

过了 40 人；其余年份事故受伤人数相对较少。但是，从事故起数来看，2018
年事故起数最多，有 21 次；2013 年、2015 年、2019 年也都超过了 10 次，其
余年份则相对较少，均不超过 10 次。总的来看，事故起数、死亡人数、受伤
人数在年份上的走势基本一致，在 2013 年、2014 年达到峰值，2015 年大幅下
降，2018 年又小幅上升，2018 年后又小幅下降。

（二）轻工行业事故分析

从宏观时间层面，对轻工子行业的较大及以上事故进行统计分析，统计和
分析结果如表 2-4、图 2-5、图 2-6 所示。

表 2-4　2010—2020 年轻工行业事故伤亡、事故起数情况

年份/年	死亡人数/人	受伤人数/人	伤亡人数/人	事故起数/起
2010	21	47	68	1
2011	4	4	8	1
2012	3	4	7	1
2013	172	139	311	7
2014	26	15	41	3
2015	4	6	10	1
2016	4	3	7	1

续表

年份/年	死亡人数/人	受伤人数/人	伤亡人数/人	事故起数/起
2017	8	28	36	3
2018	40	20	60	7
2019	35	26	61	4
2020	6	0	6	1

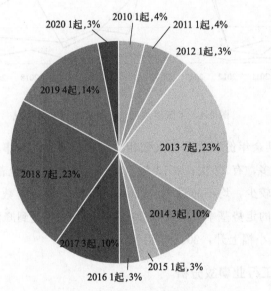

图 2-5 轻工行业事故起数在年份上的分布情况

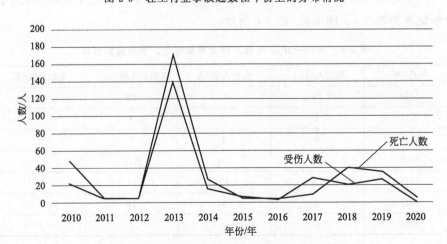

图 2-6 轻工行业死亡人数、受伤人数分布情况

从事故起数来看，2010—2020 年轻工行业较大及以上事故总共 30 余起，其中在 2013 年和 2018 年发生的事故次数最多，较大及以上事故有 7 起，两年事故起数达到了近十年轻工行业事故总数的 46.7%；其次是 2014 年、2017 年以及 2019 年，每年发生的事故起数也达到了三、四起，其余年份轻工行业事故起数相对较少。从事故起数走势来看，轻工行业事故事故起数呈现先上升，于 2013 年达到峰值，2014 年开始下降，2017 起又出现小幅上升的趋势。

从伤亡人数来看，轻工行业死亡人数、受伤人数、总的伤亡人数在 2013 年达到最高，分别为 172 人、139 人、311 人；死亡人数位居第二的是 2018 年，有 40 人，其次是 2019 年，达到了 35 人；2010 年、2014 年的死亡人数也超过了 20 人，其余年份死亡人数较少，未超过 10 人。总的来说，轻工行业的死亡人数和受伤人数在年份上的走势基本一致，于 2013 年达到峰值，此后大幅下降，但是在 2018 年、2019 年又有小幅回升。

（三）机械行业事故分析

从时间上对机械子行业事故死亡人数、受伤人数、事故起数进行统计分析，统计分析结果如表 2-5、图 2-7 所示。

表 2-5 机械行业事故伤亡人数、事故起数情况

年份/年	死亡人数/人	受伤人数/人	伤亡人数/人	事故起数/起
2011	20	8	28	3
2012	13	15	28	1
2013	4	3	7	1
2014	115	195	310	2
2016	28	44	72	3
2018	7	8	15	2
2019	11	5	16	2

机械行业近十年较大及以上事故的起数约 14 例，事故起数在年份上的分布无明显的差异，但是每年都有发生。从事故死亡人数和受伤人数来看，最多的是 2014 年，死亡人数达到了 115 人，受伤人数达到 195 人，该年份总伤亡人数占到了近十年机械行业较大及以上事故总伤亡人数的 65%；2016 年，死亡人居和受伤人数位居第二，分别为 28 人和 44 人，该年份总的伤亡人数占机械行业近十年较大及以上事故的伤亡人数的 15%。其次是 2011 年，死亡人数

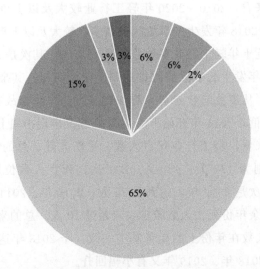

■ 2011年　■ 2012年　■ 2013年　■ 2014年　■ 2016年　■ 2018年　■ 2019年

图 2-7　机械行业总伤亡人数占比情况

有 20 人，受伤人数 8 人；此外，2012 年的死亡人数有 13 人，受伤人数 15 人；2013 年死亡人数最少，仅为 3 人。总的来说，机械行业的死亡人数和受伤人数在时间上无明显分布规律，但是在 2014 年后，基本呈回落趋势。

（四）建材行业事故分析

从年份上对建材行业的事故起数、伤亡情况进行统计分析，结果如表 2-6、图 2-8、图 2-9 所示。

表 2-6　2013—2020 年建材行业事故伤亡人数、事故起数

年份/年	死亡人数/人	受伤人数/人	伤亡人数/人	事故起数/起
2013	5	9	14	2
2014	6	1	4	2
2015	17	7	24	4
2016	4	1	5	1
2017	8	1	9	2
2018	20	3	23	5
2019	10	4	14	3
2020	6	0	6	2

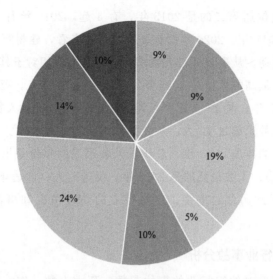

■2013年　■2014年　■2015年　■2016年　■2017年　■2018年　■2019年　■2020年

图 2-8　建材行业事故起数分布占比情况

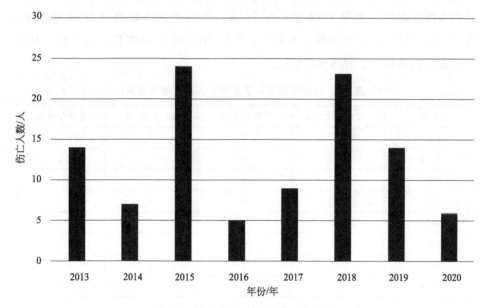

图 2-9　建材行业伤亡人数分布情况

从事故发生起数来看，建材行业每年事故发生起数无明显差异，事故起数最高的年份是 2018 年，有 5 起，占建材行业近十年较大及以上事故总数的

24％；事故起数位居第二的是 2015 年，有 4 起，2019 年有 3 起，此外 2013 年、2014 年、2017 年、2020 年都有 2 起。总的来看，建材行业事故起数较为平稳，无明显波动。从事故死亡人数来看，建材行业相对于其他行业，其事故死亡人数较低。最高的年份是 2018 年，死亡人数为 20 人，死亡人数位居第二位的年份是 2015 年，共 17 人死亡，其次是 2019 年，死亡人数为 10 人，其余年份事故死亡人数未超过 10 人。从总伤亡情况看，总伤亡人数最高的年份也是事故起数第二的年份 2018 年，总伤亡人数第二的年份是事故起数第一的年份 2015 年；总伤亡人数最低的是 2016 年，仅为 5 人，也是建材行业事故起数最低的一年。因此，总的来说，建材行业的伤亡情况和事故起数走势基本一致。

（五）纺织行业事故分析

从宏观年份上对纺织行业的事故起数、死亡人数、伤亡人数进行统计分析，结果如表 2-7、图 2-10 所示。从事故起数来看，纺织行业事故起数较其他行业相对较少，在时间上无明显区别。纺织行业的事故伤亡人数也相对较少。死亡人数最多的一年是 2014 年，有 12 人，总的伤亡人数也是 2014 年最多，有 17 人；其次是 2010 年有 8 人死亡；2011 年、2015 年均有 7 人死亡，其余年份死亡人数较少，仅为 2、3 人。

表 2-7　纺织行业每年事故伤亡人数、事故起数

年份	死亡人数/人	受伤人数/人	伤亡人数/人	事故起数/起
2010	8	0	8	2
2011	7	0	7	2
2012	3	0	3	1
2013	3	0	3	1
2014	12	5	17	1
2015	7	0	7	3
2017	2	0	2	2
2018	3	0	3	1

（六）商贸行业事故分析

从宏观年份上对商贸行业的事故起数、死亡人数、伤亡人数进行统计分析，结果如表 2-8、图 2-11、图 2-12 所示。

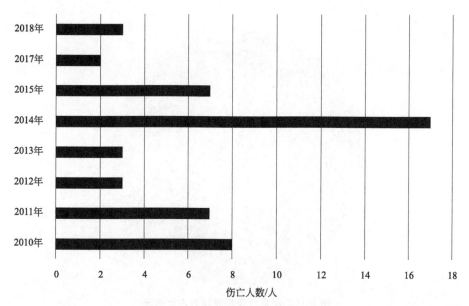

图 2-10　纺织行业伤亡人数分布情况

表 2-8　商贸行业每年事故伤亡人数、事故起数

年份	死亡人数/人	受伤人数/人	事故起数/起
2013	6	12	1
2015	57	29	6
2016	6	0	2
2017	4	0	1
2018	36	1	6
2019	24	3	2
2020	29	42	1

　　在商贸行业中，发生概率最大的多为火灾事故，其次为坍塌事故；其中火灾事故中，电气火灾占比最大。商贸行业由于自身的特殊性，人员比较密集，一旦发生事故，很容易造成极大的伤亡，因此预防事故发生极其重要。

　　从事故发生起数看，商贸行业事故起数最多的年份是 2015 年和 2018 年，每年有 6 起，此两年事故起数占商贸行业近十年较大及以上事故总数的 64％。2015 年，商贸行业的事故死亡人数最多，为 57 人；2018 年位居第二，有 36 人，紧随其后的是 2019 年和 2020 年，死亡人数分别为 24 人和 29 人；而 2013 年、2016 年以及 2017 年的死亡人数相对较少。从事故受伤人数来看，2020 年

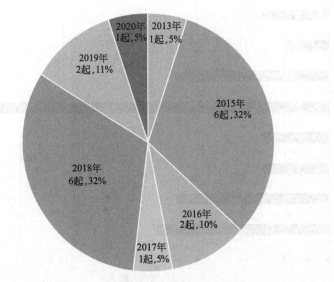

图 2-11　商贸行业事故起数占比情况

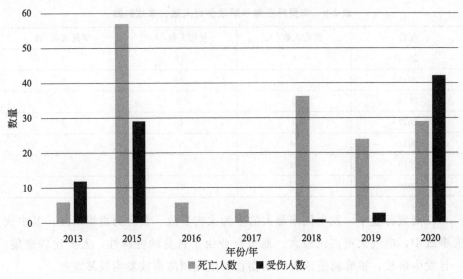

图 2-12　商贸行业每年事故伤亡人数、事故起数

受伤人数最多，达 42 人，虽然 2020 年的事故仅为 1 例；2015 年受伤人数位居第二，有 29 人，其次是 2013 年受伤人数达 12 人，其余年份受伤人数较少。总体来看，商贸行业事故起数在时间分布上波动较大，事故伤亡人数和事故起

数走势也略有区别。

（七）烟草行业事故分析

因本次事故搜集中，烟草行业的事故较少（仅 2 例）且没有发生人员伤亡，因此暂时不做定量分析。通过搜集的 2 例事故和过往案例研究，发现烟草行业经常发生火灾事故。起火原因多为电气线路短路、动火作业等引燃烟草、保温材料等可燃物。

参考文献

[1] 罗聪，徐克，刘潜，赵云胜．安全风险分级管控相关概念辨析[J]．中国安全科学学报，2019，29（10）：43-50.

[2] 罗云．风险分析与安全评价[M]．北京：化学工业出版社，2020.

[3] 吴宗之，高进东，魏利军．危险评价方法及其应用[M]．北京：冶金工业出版社，2001.

[4] 孙华山．安全生产风险管理（精）[M]．北京：化学工业出版社，2006.

[5] 马文·拉桑德．风险评估：理论、方法与应用[M]．北京：清华大学出版社，2013.

[6] 陈安．综合风险分析与应急评价[M]．北京：科学出版社，2020.

[7] 郑恒，周海京．概率风险评价[M]．北京：国防工业出版社，2011.

[8] 赵云胜，李汉杰．安全科学的灰色系统方法[J]．劳动保护科学技术，1996（4）.

[9] 刘凌燕，徐纪武．火灾爆炸危险指数法的应用[J]．工业安全与环保，2003，10：38-40.

[10] 刘见．HFACS 模型在冶金企业煤气事故人为因素分析中的应用[J]．工业安全与环保，2021，47（07）：71-73＋78.

[11] 卢春雪．冶金行业现代安全管理模式[J]．工业安全与环保，2005（11）.

[12] 周琪，叶义成，吕涛．系统安全态势的马尔科夫预测模型建立及应用[J]．中国安全生产科学技术，2012，8（4）：98-102.

[13] 王先华，吕先昌，秦吉．安全控制论的理论基础和应用[J]．工业安全与防尘，1996，1：1-6＋49.

第三章　基于遏制重特大事故的
　　　　　"五高"风险管控理论

第一节 概念提出

"五高"风险最初是由湖北省安监局提出的[1]。2013年12月在湖北省隐患排查体系建设中首次纳入培训内容，此后历次在市州安监局执法人员培训中宣讲；2015年，国家安全生产监督管理总局在重庆召开部分省市安监局长座谈会，湖北省就"五高"风险管控做了汇报也得到肯定；2016年，在第24届海峡两岸及香港、澳门地区职业安全健康学术研讨会上进行论文交流，发表《基于重特大事故预防的"五高"风险管控体系》；同年，《中共中央国务院关于推进安全生产领域改革发展的意见》提出建立安全预防控制体系[2]。企业要定期开展风险评估和危害辨识。针对高危工艺、设备、物品、场所和岗位，建立分级管控制度，制定落实安全操作规程[3]。据此，"五高"风险以文件形式得到国家认可。

2017年，《湖北省安全生产"十三五"规划》提出，强化风险管控，以遏制重特大事故为重点，加强各行业领域"五高"的风险管控，明确将"五高"定义为：高风险设备、高风险工艺、高风险物品、高风险场所、高风险人群[4]。同年，写进《湖北省安全生产条例》，并纳入注册安全工程师考试内容。

《基于重特大事故预防的"五高"风险管控体系》[1]一文中提出不以行业领域划分安全生产工作的重点与非重点，创新性地提出了"五高"概念及基于重特大事故预防的"五高"风险管控体系，对风险辨识，分级标准、风险预警、分级管控机制进行了研究，提出了与之相应的信息平台功能，并结合湖北省安全生产实际，论证了该体系的可行性。

第二节　"五高"风险内涵

（1）"五高"风险主要包括高风险场所、高风险工艺、高风险设备、高风险物品、高风险人群。

① 高风险场所，指具有易发安全事故的场所或环境，如地下矿山、建筑工地、公路、有限空间、可能有毒害粉尘车间、可能发生有毒害气体泄漏车间、水上（下）作业、高处作业以及车站、集会场馆等人员密集场所等。高风险场所因其致害物相对较多或能量意外释放的可能性相对较大，当人员进入高风险场所后，事故发生的可能性和后果的严重性均会增加。

② 高风险工艺，指生产流程中由于工艺本身的状态和属性发生变化，可能导致安全事故发生的工艺过程。如加热、冷冻、增压、减压、放热反应、带电作业、动火作业、吊装、破拆、筑坝等。化工生产的硝化、氧化、磺化、氯化、氟化、氨化、重氮化、过氧化、加氢、聚合、裂解等工艺就是高风险工艺。工艺状态和属性的变化可能会改变旧有安全-风险平衡体系，原有的风险防控措施无法适应新的变化，引起风险增加导致事故。

③ 高风险设备，指生产过程中设备本身具有高能量并且可能导致能量意外释放的设备，如特种设备、带电设备、高温设备、高速交通工具等。高风险设备因其具有较高的能量，一旦发生能量意外释放并接触人体，可能导致伤害事故。能量的形式具有多种形态，如机械能、电能、化学能、辐射能、电磁能等，高风险设备是其主要载体。

④ 高风险物品，主要指具有爆炸性、易燃性、放射性、毒害性、腐蚀性等物品。高风险物品因其特有的物理、化学性质，作用于人体导致伤害。

⑤ 高风险人群，指具有易诱发安全事故的人群，如特种作业人员、危险品运输车辆驾驶员、职业禁忌人员、需要培训而未经培训上岗的人员等。高风险人群因其岗位、工种、操作的特殊性，在整个系统环境中处于十分重要地位，其行为的不安全性极易导致事故发生。人群行为的不安全性可能来自于技能、生理、心理、外在条件等客观因素的影响。

　　（2）结合实际情况，"基于遏制重特大事故的企业重大风险辨识评估技术与管控体系研究项目"中，将"五高"进行简化提炼，具体定义如下：

　　① 高风险物品：指可能导致发生重特大事故的易燃易爆物品、危险化品等物品。

　　② 高风险工艺：指工艺过程失控可能导致发生重特大事故的工艺，如危化行业的重点工艺。

　　③ 高风险设备：指运行过程失控可能导致发生重特大事故的设备设施。如矿井提升机。

　　④ 高风险场所：指一旦发生事故可能导致发生重特大事故后果的场所，如重大危险源、劳动密集型场所。

　　⑤ 高风险作业：指失误可能导致发生重特大事故的作业。如特种作业、危险作业、特种设备作业等。

第三节　基于遏制重特大事故的"五高"风险管控体系

　　基于遏制重特大事故的"五高"风险管控主要是通过辨识"五高"，评估"五高"风险，建立"五高"风险分级管控机制，以此达到管控重大风险，进而达到遏制重特大事故的目的[5]。具体如下：

1. 基于"五高"的重大风险辨识

　　就企业而言以车间为单元，充分利用现有的隐患排查体系，对照"五高"辨识本车间的风险。就区域而言以村（社区）为单元，充分利用网格化管理体系对照"五高"辨识本村（社区）的风险。

2. 根据需要建立"五高"风险库

　　"五高"风险管控分为多个层面，包括基于国家或省、市、县、乡镇（街道办事处）、村（社区）或者跨行政区划区域重大风险管控体系，基于企业内部的重大风险管控体系和基于行业（领域）的重大风险管控体系等。按照管控层面，集合"五高"风险，分别绘制电子分布图[6]。

3. 重大风险的评估分级

对重大风险进行分类梳理，形成信息化需求的风险评价指标体系，建立风险评估模型，并确定风险分级标准；

4. 构建"五高"风险分级管控机制

省、市、县政府及其负有安全生产监管职责的部门乡镇（街道办事处）分别负责一、二、三、四级风险的预警，监督下级政府、部门以及企业降低风险。企业风险管控机制：落实安全生产主体责任，主动采取措施降低风险。从机制、技术、方法层面构建"五高"风险管控，从而实现"五高"风险的精准管控[7]。

参考文献

[1] 徐克，陈先锋. 基于重特大事故预防的"五高"风险管控体系[J]. 武汉理工大学学报（信息与管理工程版），2017，39（06）：649-653.

[2] 中共中央国务院. 关于推进安全生产领域改革发展的意见[Z]. 2016-12-09.

[3] 国务院安委会办公室. 关于实施遏制重特大事故工作指南构建双重预防机制的意见[Z]. 2016-10-09.

[4] 王先华. 钢铁企业重大风险辨识评估技术与管控体系研究[A]. 中国金属学会冶金安全与健康分会. 2019 年中国金属学会冶金安全与健康年会论文集[C]. 中国金属学会冶金安全与健康分会：中国金属学会，2019：3.

[5] 王先华，夏水国，王彪. 企业重大风险辨识评估技术与管控体系研究[A]. 中国金属学会冶金安全与健康分会. 2019 年中国金属学会冶金安全与健康年会论文集[C]. 中国金属学会冶金安全与健康分会：中国金属学会，2019：3.

[6] 王彪，刘见，徐厚友，等. 工业企业动态安全风险评估模型在某炼钢厂安全风险管控中的应用[J]. 工业安全与环保，2020，46（4）：11-16.

[7] 叶义成. 非煤矿山重特大风险管控[A]. 中国金属学会冶金安全与健康分会. 2019 中国金属学会冶金安全与健康年会论文集[C]. 中国金属学会冶金安全与健康分会：中国金属学会，2019：6.

第四章　工贸行业"五高"风险辨识方法

第一节　工贸行业风险辨识

一、风险辨识方法

采取单元到风险点的"五高"重大风险辨识方法[1]。借鉴安全标准化单元划分经验，以存在相对独立的工艺系统为固有风险评估单元[2]。结合实地调研和事故案例分析的结果，以可能诱发本单元的重特大事故点作为风险点；基于单元内的事故风险点，从"五高"即高风险物品、高风险场所、高风险人群、高风险设备、高风险工艺辨识高危风险因子，并形成单元高危风险清单[3]。

二、风险辨识程序

工贸行业重大风险辨识采取的是"6+4"的模式，以6大子行业（轻工、建材、机械、纺织、烟草、商贸行业）为依托，侧重4大类重点专项领域的辨识评估工作，如图4-1所示。工贸行业进行风险辨识与评估的第一步是梳理工贸的子行业，并根据国家政策文件提炼三大重点专项领域；进而依据工艺特点，划分各个子行业的评估单元；最后分析单元内的事故风险点，辨识评估风险点的五高。

三、评估单元确定的原则

风险单元：借鉴安全生产标准化单元划分经验，以相对独立的工艺系统作为固有风险辨识评估单元，一般以车间划分。

该单元的的划分原则兼顾了单元安全风险管控能力与安全生产标准化管控体系的无缝对接。

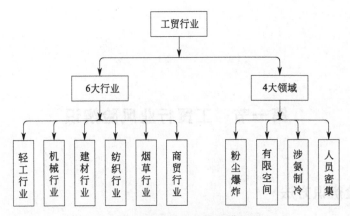

图 4-1   工贸行业风险辨识模式图

风险点：在单元区域内，以可能诱发的本单元重特大事故点作为风险点。

四、评估单元的划分结果

依据上述辨识评估方法和程序，工贸行业共分为 6 个子行业，共计 50 个单元，127 个风险点，详见表 4-1。

表 4-1   工贸行业评估单元统计

行业	风险单元	风险点
轻工	24	57
建材	6	23
机械	8	18
纺织	4	11
烟草	6	16
商贸	2	2
合计	50	127

五、工贸行业风险辨识清单

"五高"风险清单的编制是对风险辨识前期工作的一个归纳和整合的过程，

也是整个风险辨识工作结束后需形成的结果,是风险辨识后具体的展现形式,可为后期的风险评价提供依据和参考。

工贸行业"五高"风险清单编制主要包括两方面的工作,一方面是编制子行业或专项领域单元划分以及事故风险点的概况表;另一方面编制子行业或专项领域的具体的"五高"风险清单,样表如表 4-2～表 4-4 所示。

表 4-2　工贸行业单元划分与风险点样表

×××领域/×××行业(××个单元,××个风险点)

序号	单元	风险点
1	×××单元	×××火灾爆炸事故风险点
		×××中毒事故风险点
2	×××单元	×××中毒事故风险点
3	×××单元	×××中毒事故风险点
4	×××单元	×××火灾爆炸事故风险点
		×××中毒事故风险点

表 4-3　工贸行业固有风险清单样表

风险点	风险因子	要素	指标描述	现状描述	取值
×××事故风险点	高风险设备		本质安全化水平		
	高风险工艺		监测设施完好水平		
	高风险场所		人员风险暴露		
	高风险物品		物质危险性		
	高风险作业	危险作业	高风险作业种类数		
		特种设备操作			
		特种作业			

在进行"五高"重大风险辨识时,不仅要辨识出具体的"五高",即对应的风险点的高风险设备具体有哪些,高风险物品是什么,高风险场所是什么、高风险工艺有哪些以及高风险作业有哪些;同时,对于辨识出来的"五高"的危险特性也要进行辨识和提取。

表 4-4 工贸行业动态风险清单样表

单元	风险因子	要素	指标描述	特征值		分级依据
××单元	动态监测指标					
	事故隐患指标					
	物联网大数据事故指标					
	特殊时段					
	自然环境指标					

第二节 轻工行业风险辨识

轻工行业涉及行业众多，事故类型较多，根据《工贸行业较大危险因素辨识与防范指导手册（2016 版）》，轻工行业总共包括植物油加工、制糖业、白酒制造等 24 个行业。总结已依据相关规范所编制的风险清单，涉及 24 个风险单元，57 个风险点，因划分的风险单元较多且风险点较为分散，故本章将主要按照事故类型对轻工行业的风险值进行计算和分级。

轻工行业可能出现的事故类型主要有粉尘爆炸事故、有限空间事故、涉氨事故、火灾爆炸事故、容器爆炸事故和其他事故类型，事故类型汇总详见表4-5。

表 4-5 轻工行业事故类型汇总表

序号	单元	风险点	事故类型
1	谷物磨制、饲料加工单元	粉尘爆炸事故风险点	制粉机、磨粉机及输送设备、除尘系统
		有限空间中毒、窒息事故风险点	粮仓(筒仓、平房仓)
		坍塌事故风险点	粮仓(筒仓、平房仓)

续表

序号	单元	风险点	事故类型
2	植物油加工单元	有限空间中毒、窒息事故风险点	有限空间
		粉尘爆炸事故风险点	粉尘爆炸事故
3	制糖业单元	粮食粉尘爆炸事故风险点	粉尘爆炸事故
4	淀粉及淀粉制品制造	粮食粉尘爆炸事故风险点	粉尘爆炸事故
		污水处理池有限空间事故风险点	有限空间
		玉米浸泡罐有限空间事故风险点	
5	乳制品制造单元	粉尘爆炸事故风险点	粉尘爆炸事故
		污水处理池有限空间事故风险点	有限空间
	乳制品制造涉氨制冷单元	涉氨制冷事故风险点	涉氨制冷事故
6	调味品、发酵制品制造、酱菜腌制	粮食粉尘爆炸事故风险点	粉尘爆炸事故
		发酵罐有限空间事故风险点	有限空间
		污水处理池有限空间事故风险点	
		发酵缸有限空间事故风险点	
		腌渍池有限空间事故风险点	
7	白酒制造单元	火灾爆炸事故风险点	火灾爆炸事故
		粉尘爆炸事故风险点	粉尘爆炸事故
		有限空间事故风险点	有限空间
8	啤酒制造单元	容器爆炸/灼烫事故	容器爆炸/灼烫事故
		有限空间事故风险点	有限空间
	啤酒液氨制冷单元	液氨制冷事故风险点	液氨制冷事故
9	葡萄酒制造单元	容器爆炸风险点	容器爆炸
		火灾爆炸事故风险点	火灾爆炸事故
		液氨制冷事故风险点	液氨制冷事故
10	果菜汁及果菜汁制造液氨制冷单元	液氨制冷事故风险点	液氨制冷事故
11	肉制品及副产品加工、水产品加工、蔬菜加工、水果和坚果加工、速冻食品制造、冷冻饮品及食用冰制造液氨制冷单元	液氨制冷事故风险点	液氨制冷事故
12	方便食品制造单元	火灾爆炸事故风险点	火灾爆炸事故

续表

序号	单元	风险点	事故类型
13	食品及饲料添加剂制造单元	火灾爆炸事故风险点	火灾爆炸事故
		有限空间事故风险点	有限空间
	食品及饲料添加剂涉氨制冷单元	液氨制冷事故风险点	液氨制冷事故
14	皮革鞣制加工单元	火灾爆炸事故风险点	火灾爆炸事故
		粉尘爆炸事故风险点	皮革
15	玻璃制品制造单元	煤气发生炉事故风险点	煤气发生炉事故
		天然气站及其场所爆炸事故风险点	天然气站及其场所爆炸事故
16	陶瓷、搪瓷制品制造单元	煤气事故风险点	煤气事故
		天然气爆炸事故风险点	天然气爆炸事故
17	金属制日用品制造单元	煤气事故风险点	煤气事故
		天然气爆炸事故风险点	天然气爆炸事故
		金属粉尘爆炸事故风险点	粉尘爆炸事故
18	自行车制造单元	金属粉尘爆炸事故风险点	粉尘爆炸事故
		漆雾爆炸事故风险点	漆雾爆炸事故
		天然气爆炸事故风险点	天然气爆炸事故
19	照明器具制造单元	煤气爆炸事故风险点	煤气事故
		天然气爆炸事故风险点	天然气爆炸事故
20	电池制造单元	火灾爆炸事故风险点	火灾爆炸事故
21	橡胶和塑料制品单元	粉尘爆炸事故风险点	粉尘爆炸事故
		有限空间事故风险点	有限空间
22	人造板制造单元	木质粉尘爆炸事故风险点	粉尘爆炸事故
		有限空间事故风险点	有限空间
23	家具制造业、地板制造单元	火灾爆炸事故风险点	火灾爆炸事故
		木质粉尘爆炸事故风险点	粉尘爆炸事故
24	造纸和纸制品业单元	有限空间事故风险点	有限空间
		容器爆炸事故风险点	容器爆炸事故
		液氯事故风险点	液氯事故
		天然气爆炸事故	天然气爆炸事故

一、火灾爆炸事故风险分析

（一）火灾爆炸事故高风险设备指数（h_s）计算

高风险设备指数以风险点设备设施的配备情况作为赋值依据，表征风险点生产设备设施防止火灾爆炸事故发生的技术措施水平[6]。火灾爆炸事故的固有危险指标包括防护装置、消防设备设施、消防建筑布局三大部分。

1. 防护装置

安全防护装置涉及的类型主要包括：

（1）燃气储罐、气化室等储存易燃易爆物质的设备设施配有遮挡强光、通风降温等装置，如排气管上方有防护挡板和隔热板；

（2）储存可燃气体的设备和管道安装有效、可靠的联锁装置；

（3）安装电气接地、静电跨接以及建筑接地、避雷等装置，如罐区和库区必设静电消除器，酒精储运设备、酒精储罐及罐内所有金属构件均应接地，进出车辆应安装防火帽；

（4）点火、熄火保护装置，排气管安装火花熄灭器；

（5）溶剂罐的呼吸阀终端和浸出系统废弃排出口设阻火器；

（6）防爆排风机；

（7）防爆型电气设备；

（8）其他特殊设备的相关防护设备（如煤气发生炉）：

① 进口空气管道上，应设有阀门、止回阀和蒸汽吹扫装置；

② 空气总管末端应设有泄爆装置和放散管，放散管应接至室外；

③ 空气鼓风机应有两路电源供电；

④ 自动控制调节装置；

⑤ 联锁装置和灯光信号；

⑥ 炉顶设探火孔，探火孔有汽封；

⑦ 新建、扩建煤气发生炉后的竖管、除尘器顶部或煤气发生炉出口管道，应设能自动放散煤气的装置；

⑧ 从热煤气发生炉引出的煤气管道应有隔断装置，如采用盘形阀，其操作绞盘应设在煤气发生炉附近便于操作的位置，阀门前应设有放散管；

⑨ 水套集汽包应设有安全阀、自动水位控制器；

⑩ 进水管应设止回阀；

⑪ 严禁在水夹套与集汽包连接管上加装阀门；

⑫ 入口和洗涤塔后应设隔断装置；

⑬ 应设泄爆装置，并应定期检查；

⑭ 应设放散管、蒸汽管；

⑮ 电捕焦油器沉淀管应设带阀门的连接管；

⑯ 电捕焦油器底部应设保温或加热装置；

⑰ 连续机械化运煤和排渣系统的各机械之间应有电气联锁；

⑱ 抽气机出口与电捕焦油器之间设避震器；

⑲ 煤气发生炉的空气鼓风机应有两路电源供电。

安全防护装置危险分数取值如表 4-6 所示。

表 4-6　安全防护装置危险分数

取值	防护装置
1.7	无
1.0	有

2. 消防设备设施

涉及的消防设备设施主要有：

（1）火灾探测器；

（2）火灾报警按钮；

（3）防排烟系统；

（4）防火门；

（5）灭火器，如油炸锅配备二氧化碳自动灭火装置。

消防设备设施危险分数取值如表 4-7 所示。

表 4-7　消防设备设施危险分数

取值	消防设备设施
1.7	无
1.0	有

3. 消防建筑布局

消防建筑布局涉及的主要指标有：

（1）防火间距；

（2）安全通道；

（3）疏散通道；

（4）平面布置。

消防建筑布局危险分数取值如表 4-8 所示。

表 4-8　消防建筑布局危险分数

取值	符合规范要求
1.7	否
1.0	是

若存在 n 种类型的防护设备，计算 h_{s_0}，并根据下式计算出的 h_{s_0} 值，按表 4-9 确定 h_s 值。

$$h_{s_0} = \frac{1}{n} \sum_{i=1}^{n} h_{s_i}$$

表 4-9　风险点高风险设备指数 h_s 值和 h_{s_0} 值的对应关系

h_{s_0} 值	h_s 值
$h_{s_0} = 1.7$	1.7
$1.4 \leqslant h_{s_0} < 1.7$	1.4
$1.3 \leqslant h_{s_0} < 1.4$	1.3
$1.2 \leqslant h_{s_0} < 1.3$	1.2
$1.0 \leqslant h_{s_0} < 1.2$	1.0

（二）火灾爆炸事故物质危险指数（M）计算

火灾爆炸事故物质危险指数（M）由风险点高风险物品危险值 m 的级别确定。风险点高风险物品危险值 m 为可燃气体实际存在于空气中的体积分数与该气体产生火灾爆炸危险时的临界量的比值及对应物品的危险特性修正系数的乘积。

根据风险点高风险物品 m 值的计算公式：

$$m = \beta_1 \frac{q_1}{Q_1} + \beta_2 \frac{q_2}{Q_2} + \cdots + \beta_n \frac{q_n}{Q_n}$$

式中　q_1，q_2，$\cdots q_n$——每种可燃气体在空气中的体积分数，%；

　　　Q_1，Q_2，$\cdots$，Q_n——与每种可燃气体相对应的临界量，临界量为每种可燃气体在空气中的爆炸下限（体积分数），%；

　　　β_1，β_2，$\cdots$，β_n——与各高风险物品相对应的校正系数，可燃气体 β 取值为 1.5。

常见可燃气体爆炸极限取值如表 4-10 所示。

表 4-10　常见可燃气体爆炸极限数据表

物质名称	分子式	在空气中的爆炸极限(体积分数)(%)	
		下限 LEL	上限 UEL
甲烷	CH_4	5	15
乙烷	C_2H_6	3	15.5
丙烷	C_3H_8	2.1	9.5
丁烷	C_4H_{10}	1.9	8.5
戊烷(液体)	C_5H_{12}	1.4	7.8
己烷(液体)	C_6H_{14}	1.1	7.5
庚烷(液体)	$CH_3(CH_2)_5CH_3$	1.1	6.7
辛烷(液体)	C_8H_{18}	1	6.5
乙烯	C_2H_4	2.7	36

根据计算出的 m 值，按表 4-11 确定风险点高风险物品的级别，确定相应的物质指数 M。

表 4-11　风险点高风险物品级别和 m 值的对应关系

危险化学品重大危险源级别	m 值	M 值
一级	$m \geqslant 60$	9
二级	$60 > m \geqslant 40$	7
三级	$40 > m \geqslant 20$	5
四级	$20 > m \geqslant 5$	3
五级	$m < 5$	1

（三）火灾爆炸事故场所人员暴露指数（E）计算

高风险场所的人员暴露指数主要是根据风险点的暴露人员数量确定的，见表 4-12。

火灾爆炸事故风险点的暴露人员数量为风险点内作业的人员总数。

表 4-12 风险点暴露人数 P 与场所人员暴露指数 E 取值对照表

暴露人数（P）	E 值
100 人以上	9
30～99 人	7
10～29 人	5
3～9 人	3
0～2 人	1

（四）火灾爆炸事故监测监控设施失效率修正系数（K_1）计算

火灾爆炸监测监控设施失效率修正系数（K_1）的值与使用的监测监控设施密切相关，应根据场所内设施种类和型号确定，计算公式如下：

$$K_1 = 1 + l$$

式中 l——监测监控设施失效率的平均值。

（五）火灾爆炸事故高风险作业危险性修正系数（K_2）计算

火灾爆炸存在于维修作业、焊接作业、明火作业和电工作业等高风险作业中，火灾爆炸高风险作业危险性修正系数（K_2）按下式计算：

$$K_2 = 1 + 0.05t$$

式中 t——风险点涉及高风险作业种类数。

二、涉氨制冷事故风险分析

轻工行业涉氨制冷事故参见第六章第一节涉氨制冷重点专项领域单元。

三、粉尘爆炸事故风险分析

轻工行业粉尘爆炸事故参见第六章第二节粉尘爆炸重点专项领域单元。

四、有限空间事故风险分析

轻工行业有限空间事故参见第六章第三节有限空间重点专项领域单元。

第三节　机械行业风险辨识

依据《工贸行业重大生产安全事故隐患判定标准》中对机械行业重大事故风险的判定内容，结合《机械行业较大危险因素辨识与防范指导手册》对机械行业较大以上事故风险的全面辨识，归纳出机械行业易发生火灾爆炸、中毒、压力容器爆炸、火灾、起重伤害事故、粉尘爆炸、高温熔融金属爆炸 7 类事故[7]。采用第四章第一节所述的风险单元与风险点划分方法，辨识出机械行业共计 8 个风险单元，18 个风险点。机械行业重特大事故风险单元与风险点见表 4-13。

表 4-13　机械行业风险单元与风险点

序号	单元名称	风险点	事故类型
1	铸造工艺单元	高温熔融金属爆炸事故风险点	高温熔融金属爆炸事故
		压力容器爆炸事故风险点	压力容器爆炸事故
		起重伤害事故风险点	起重伤害事故
2	焊接工艺单元	压力容器爆炸事故风险点	压力容器爆炸事故
3	机械加工工艺单元	粉尘爆炸事故风险点	粉尘爆炸事故
4	热处理工艺单元	液氨储罐火灾爆炸事故风险点	火灾爆炸事故
		液氨储罐中毒事故风险点	
		加热炉火灾爆炸事故风险点	
		加热炉中毒事故风险点	中毒事故
		淬火油槽火灾事故风险点	火灾事故
5	电镀工艺单元	电镀槽爆炸事故风险点	爆炸事故
		电镀危化品储存爆炸事故风险点	
		压力容器爆炸事故风险点	压力容器爆炸事故

续表

序号	单元名称	风险点	事故类型
6	涂装工艺单元	喷漆室火灾爆炸事故风险点	火灾爆炸事故
		浸涂槽火灾爆炸事故风险点	
		烘干室火灾爆炸事故风险点	
7	油库及加油站单元	油库火灾爆炸事故风险点	火灾爆炸事故
8	燃气调压站单元	燃气调压站火灾爆炸事故风险点	火灾爆炸事故

一、起重伤害事故风险点风险分析

（一）高风险设备指数 h_s

高风险设备指数以风险点设备设施本质安全化水平作为赋值依据，表征风险点生产设备设施防止起重伤害事故发生的技术措施水平[8]。起重伤害事故风险点固有危险指标涉及的设备设施包括起重机的主要零部件、防护装置、吊索具。各设备的危险分数见表 4-14～表 4-16。

起重伤害事故风险点固有危险指标涉及的设备设施包括以下内容：

1. 主要零部件危险分数（h_{s_1}）

表 4-14 主要零部件危险分数

h_{s_1}	符合规范要求
1.7	否
1.0	是

起重机的主要零部件涉及主梁、制动器、吊钩、滑轮组、钢丝绳等，其中：

（1）吊钩应设置防脱绳的闭锁装置；

（2）钢丝绳端部的固定和连接应符合相关规范要求；

（3）钢丝绳尾端在卷筒上固定装置应牢固，并有防松或自紧的性能。

2. 防护装置危险分数（h_{s_2}）

表 4-15 消防器材危险分数

h_{s_2}	符合规范要求
1.7	否
1.0	是

起重机的主要防护装置包括起升高度限位器、起重量限位器、力矩限制器、抗风制动器等安全装置。

3. 吊索具危险分数（h_{s_3}）

表 4-16　消防器材危险分数

h_{s_3}	符合规范要求
1.7	否
1.0	是

若相关规范中要求配备的防护设备有 n 种，根据下式求得 h_{s_0} 值，并根据表 4-17 确定 h_s 值。

$$h_{s_0} = \frac{1}{n} \sum_{i=1}^{n} h_{s_i}$$

表 4-17　风险点高风险设备 h_s 值和 h_{s_0} 值的对应关系

h_{s_0} 值	h_s 值
$\geqslant 1.7$	1.7
$1.4 \leqslant h_{s_0} < 1.7$	1.4
$1.3 \leqslant h_{s_0} < 1.4$	1.3
$1.2 \leqslant h_{s_0} < 1.3$	1.2
$1.0 \leqslant h_{s_0} < 1.2$	1.0

（二）物质危险指数 M

以实际起重量或幅度占额定值的关系比 m 表征物质危险指数，实际起重量或幅度与物质危险指数的对应关系见表 4-18。

表 4-18　实际起重量或幅度占额定值的关系比 m 与 M 值对应关系

实际起重量或幅度占额定值的关系比 m/%	M
$m < 50\%$	1
$50\% \leqslant m < 95\%$	3
$95\% \leqslant m < 110\%$	5
$110\% \leqslant m < 120\%$	7
$m \geqslant 120\%$	9

（三）场所人员暴露指数 E

高风险场所的人员暴露指数主要是根据风险点的暴露人员数量确定，见表 4-19。

表 4-19 风险点暴露人数 P 与场所人员暴露指数 E 取值对照表

暴露人数（P）	E 值
100 人以上	9
30～99 人	7
10～29 人	5
3～9 人	3
0～2 人	1

（四）监测监控设施失效率修正系数 K_1

$$K_1 = 1 + l$$

式中 l——监测监控设施失效率的平均值。

（五）高风险作业危险性修正系数 K_2

$$K_2 = 1 + 0.05t$$

式中 t——风险点涉及高风险作业种类数。

起重伤害事故风险点涉及的高风险作业种类有：吊运作业、维修作业、高处作业等。

二、高温熔融金属爆炸事故风险点风险分析

（一）高风险设备指数 h_s

高风险设备指数以风险点设备设施本质安全化水平作为赋值依据，表征风险点生产设备设施防止高温熔融金属遇水爆炸事故发生的技术措施水平[9]。涉及的设备设施类型主要有水冷却系统、液压系统检测和报警装置、泄漏事故紧急排放装置、防水安全设施、防护罩、机械闭锁装置等，各部分设备的危险分数见表 4-20～表 4-25。

（1）水冷却系统检测和报警装置危险分数（h_{s_1}）

表 4-20   水冷却系统检测和报警装置危险分数

h_{s_1}	符合规范要求
1.7	否
1.0	是

（2）液压系统检测和报警装置危险分数（h_{s_2}）

表 4-21   液压系统检测和报警装置危险分数

h_{s_2}	符合规范要求
1.7	否
1.0	是

（3）泄漏事故紧急排放装置危险分数（h_{s_3}）

表 4-22   泄漏事故紧急排放装置危险分数

h_{s_3}	符合规范要求
1.7	否
1.0	是

（4）防水安全设施危险分数（h_{s_4}）

表 4-23   防水安全设施危险分数

h_{s_4}	符合规范要求
1.7	否
1.0	是

存放、运输液体金属和熔渣的场所，如生产切实需设置地面沟或坑等时，必须有严密的防水措施；冶炼生产厂房内具有熔融体的作业区，必需设置水沟和给、排水管道时，应有避免水沟中积存水和防止渗漏的可靠措施。

（5）防护罩危险分数（h_{s_5}）

表 4-24   防护罩危险分数

h_{s_5}	符合规范要求
1.7	否
1.0	是

（6）机械闭锁装置危险分数（h_{s_6}）

表 4-25 机械闭锁装置危险分数

h_{s_6}	符合规范要求
1.7	否
1.0	是

若相关规范中要求配备的防护设备有 n 种，根据下式求得 h_{s_0} 值，并根据表 4-26 确定 h_s 值。

$$h_{s_0} = \frac{1}{n}\sum_{i=1}^{n} h_{s_i}$$

表 4-26 风险点高风险设备 h_s 值和 h_{s_0} 值的对应关系

h_{s_0} 值	h_s 值
$h_{s_0}=1.7$	1.7
$1.4 \leqslant h_{s_0} < 1.7$	1.4
$1.3 \leqslant h_{s_0} < 1.4$	1.3
$1.2 \leqslant h_{s_0} < 1.3$	1.2
$1.0 \leqslant h_{s_0} < 1.2$	1.0

（二）物质危险指数 M

物质危险指数（M）由风险点高风险物品危险值 m 的级别确定。风险点高风险物品危险值 m 为高风险物品的实际存在量与临界量的比值及对应物品的危险特性修正系数的乘积。风险点高风险物品危险值 m 的计算方法如下：

$$m = \beta_1 \frac{q_1}{Q_1} + \beta_2 \frac{q_2}{Q_2} + \cdots + \beta_n \frac{q_n}{Q_n}$$

式中 $q_1，q_2，\cdots，q_n$——每种高风险物品实际存在（在线）量，t；

$Q_1，Q_2，\cdots，Q_n$——与各高风险物品相对应的临界量，t；

$\beta_1，\beta_2，\cdots，\beta_n$——与各高风险物品相对应的校正系数，熔融金属修正系数 β 取值为 1。

高温熔融金属相对应的临界量取值参考 GB 18218—2018《危险化学品重大危险源辨识》，临界量取值为 200t。

根据计算出来的 m 值，按表 4-27 确定风险点高风险物品的级别，确定相

应的物质指数 M。

表 4-27　风险点高风险物品级别和 M 值的对应关系

高风险物品级别	m 值	M 值
一级	$m \geqslant 100$	9
二级	$100 > m \geqslant 50$	7
三级	$50 > m \geqslant 10$	5
四级	$10 > m \geqslant 1$	3
五级	$m < 1$	1

（三）场所人员暴露指数 E

高风险场所的人员暴露指数主要是根据风险点的暴露人员数量确定的,见表 4-28。

表 4-28　风险点暴露人数 P 与场所人员暴露指数 E 取值对照表

暴露人数(P)	E 值
100 人以上	9
30~99 人	7
10~29 人	5
3~9 人	3
0~2 人	1

（四）监测监控设施失效率修正系数 K_1

$$K_1 = 1 + l$$

式中　l——监测监控设施失效率的平均值。

（五）高风险作业危险性修正系数 K_2

$$K_2 = 1 + 0.05t$$

式中　t——风险点涉及高风险作业种类数。

高温熔融金属爆炸事故风险点涉及的高风险作业种类有:转运作业、吊运作业、冶炼作业、保温作业等。

三、粉尘爆炸事故风险分析

机械行业粉尘爆炸事故参见第六章第二节粉尘爆炸重点专项领域单元。

四、有限空间事故风险分析

机械行业有限空间事故参见第六章第三节有限空间重点专项领域单元。

第四节　纺织行业风险辨识

依据《工贸行业重大生产安全事故隐患判定标准》中对纺织行业重大事故风险的判定内容，结合《纺织行业较大危险因素辨识与防范指导手册》对纺织行业较大以上事故风险的全面辨识，归纳出纺织行业易发生火灾爆炸、中毒、压力容器爆炸、火灾、粉尘爆炸、有限空间中毒 6 类事故。采用第四章第一节所述的风险单元与风险点划分方法，辨识出纺织行业共计 4 个风险单元，11个风险点。纺织行业重特大事故风险单元与风险点见表 4-29。

表 4-29　纺织行业风险单元与风险点

序号	单元名称	风险点	事故类型
1	棉纺织加工单元	粉尘爆炸事故风险点	粉尘爆炸事故
		热媒炉火灾爆炸事故风险点	火灾爆炸事故
		联苯箱体火灾爆炸事故风险点	火灾爆炸事故
		中毒事故风险点	中毒事故
2	染整加工单元	汽化室火灾爆炸事故风险点	火灾爆炸事故
		燃气储罐火灾爆炸事故风险点	
		危险化学品储存仓库火灾爆炸事故风险点	
		有限空间中毒事故风险点	有限空间中毒事故
		压力容器爆炸事故风险点	压力容器爆炸事故
3	原料仓库单元	火灾事故风险点	火灾事故
4	动力供应单元	压力容器爆炸事故风险点	压力容器爆炸事故

一、火灾爆炸事故风险点风险分析

（一）高风险设备指数 h_s

高风险设备指数以风险点设备设施本质安全化水平作为赋值依据，表征风险点生产设备设施防止火灾爆炸事故发生的技术措施水平。火灾爆炸事故涉及的设备设施类型包括防护装置，泄压、泄爆、防爆装置，监测报警装置，消防器材等，固有危险指数根据设备是否符合相关规定来取值。各设备危险分数取值见表 4-30～表 4-33。

1. 防护装置危险分数（h_{s_1}）

表 4-30　防护装置危险分数

h_{s_1}	符合规范要求
1.7	否
1.0	是

防护装置涉及以下类型：

① 建筑防火防爆分隔、遮挡强光、通风降温等设施；

② 能量锁定装置；

③ 点火、熄火保护装置；

④ 电气接地、静电跨接以及建筑接地、避雷等装置；

⑤ 抽风净化装置；

⑥ 事故排放装置。

2. 泄压、泄爆、防爆装置危险分数（h_{s_2}）

表 4-31　泄压、泄爆、防爆装置危险分数

h_{s_2}	符合规范要求
1.7	否
1.0	是

泄压、泄爆、防爆装置涉及以下类型：

① 防爆型电器设备；

② 防爆膜；

③ 防爆门。

3. 监测报警装置危险分数（h_{s_3}）

表 4-32 监测报警装置危险分数

h_{s_3}	符合规范要求
1.7	否
1.0	是

监测报警装置涉及以下类型：

① 可燃气体泄漏报警装置；

② 火灾探测报警装置，如火灾感温装置。

4. 消防器材危险分数（h_{s_4}）

表 4-33 消防器材危险分数

h_{s_4}	符合规范要求
1.7	否
1.0	是

消防器材涉及以下类型：

① 自动灭火系统，如自动灭火喷淋设施；

② 氮气、二氧化碳、砂土等；

③ 喷雾灭火枪。

若相关规范中要求配备的防护设备有 n 种，根据下式求得 h_{s_0} 值，并根据表 4-34 确定 h_s 值。

$$h_{s_0} = \frac{1}{n} \sum_{i=1}^{n} h_{s_i}$$

表 4-34 风险点高风险设备指数 h_s 值和 h_{s_0} 值的对应关系

h_{s_0} 值	h_s 值
$h_{s_0} = 1.7$	1.7
$1.4 \leqslant h_{s_0} < 1.7$	1.4

h_{s_0} 值	h_s 值
$1.3 \leqslant h_{s_0} < 1.4$	1.3
$1.2 \leqslant h_{s_0} < 1.3$	1.2
$1.0 \leqslant h_{s_0} < 1.2$	1.0

（二）物质危险指数 M

物质危险指数（M）由风险点高风险物品危险值 m 的级别确定。风险点高风险物品危险值 m 为高风险物品的实际存在量与临界量的比值及对应物品的危险特性修正系数的乘积。m 值作为分级指标，根据分级结果确定 M 值。风险点高风险物品 m 值的计算方法如下：

（1）当危险物质的实际存在量较大，存在量可达到吨级单位时，

$$m = \beta_1 \frac{q_1}{Q_1} + \beta_2 \frac{q_2}{Q_2} + \cdots + \beta_n \frac{q_n}{Q_n}$$

式中　$q_1, q_2, \cdots, q_n$——每种高风险物品实际存在（在线）量，t；

　　$Q_1, Q_2, \cdots, Q_n$——与各高风险物品相对应的临界量，t；

　　$\beta_1, \beta_2, \cdots, \beta_n$——与各高风险物品相对应的校正系数。

各高风险物品相对应的临界量取值参考 GB 18218—2018《危险化学品重大危险源辨识》中各危险化学品临界量的确定。

（2）当危险物质的实际存在量很小，存在量仅能达到千克级别单位时，风险点高风险物品 m 值：

$$m = \beta_1 \frac{q_1}{Q_1} + \beta_2 \frac{q_2}{Q_2} + \cdots + \beta_n \frac{q_n}{Q_n}$$

式中　$q_1, q_2, \cdots, q_n$——每种泄漏的可燃气体在空气中的体积分数，%；

　　$Q_1, Q_2, \cdots, Q_n$——与每种可燃气体相对应的临界量，临界量为每种可燃气体在空气中的爆炸下限（体积分数），%；

　　$\beta_1, \beta_2, \cdots, \beta_n$——易燃气体 β 取值为 1.5。

常见可燃气体爆炸极限取值见表 4-35。

根据计算出来的风险点高风险物品危险值 m 值，按表 4-36 确定风险点高风险物品的级别，确定相应的物质指数 M。

表 4-35 常见气体的爆炸极限

气体名称	在空气中的爆炸极限(体积分数)/%	
	下限 LEL	上限 LEL
乙烷	3.0	15.5
乙醇	3.4	19
乙烯	2.8	32
氢气	4.0	75
硫化氢	4.3	45
甲烷	5.0	15
甲醇	5.5	44
丙烷	2.2	9.5
甲苯	1.2	7
二甲苯	1.0	7.6
乙炔	1.5	100
氨气	15	30.2
苯	1.2	8
丁烷	1.9	8.5
一氧化碳	12.5	74
丙烯	2.4	10.3
丙酮	2.3	13
苯乙烯	1.1	8

表 4-36 风险点高风险物品级别和 M 值的对应关系

高风险物品级别	m 值	M 值
一级	$m \geqslant 100$	9
二级	$100 > m \geqslant 50$	7
三级	$50 > m \geqslant 10$	5
四级	$10 > m \geqslant 1$	3
五级	$m < 1$	1

(三)场所人员暴露指数 E

高风险场所的人员暴露指数主要是根据风险点的暴露人员数量确定的,见表 4-37。

表 4-37   风险点暴露人数 P 与场所人员暴露指数 E 取值对照表

暴露人数(P)	E 值
100 人以上	9
30~99 人	7
10~29 人	5
3~9 人	3
0~2 人	1

（四）监测监控设施失效率修正系数 K_1

$$K_1 = 1 + l$$

式中 l——监测监控设施失效率的平均值。

（五）高风险作业危险性修正系数 K_2

$$K_2 = 1 + 0.05t$$

式中 t——风险点涉及高风险作业种类数。

火灾爆炸事故风险点涉及的高风险作业种类有：检维修作业、焊接与热切割作业、明火作业、电工作业等。

二、中毒事故风险点风险分析

（一）高风险设备指数 h_s

高风险设备指数以中毒事故风险点设备设施本质安全化水平作为赋值依据，表征风险点生产设备设施防止中毒事故发生的技术措施水平。防止中毒事故的设备设施类型主要包括有毒气体检测和报警装置、防止有毒气体泄漏扩散装置、通风装置、劳动防护用品等。各种设备设施危险分数取值见表 4-38~表 4-41。

1. 有毒气体检测和报警装置危险分数（ h_{s_1} ）

表 4-38   有毒气体检测报警装置危险分数

h_{s_1}	符合规范要求
1.7	否
1.0	是

2. 有毒气体泄漏扩散抑制装置危险分数（h_{s_2}）

表 4-39 有毒气体泄漏扩散抑制装置危险分数

h_{s_2}	符合规范要求
1.7	否
1.0	是

防止有毒有害气体泄漏逸散的装置，包括喷淋装置、冲洗水源和冲洗设施等。

3. 通风排气装置危险分数（h_{s_3}）

表 4-40 通风排气装置危险分数

h_{s_3}	符合规范要求
1.7	否
1.0	是

4. 劳动防护用品危险分数（h_{s_4}）

表 4-41 劳动防护用品危险分数

h_{s_4}	符合规范要求
1.7	否
1.0	是

个体防护用品，包括防烟（毒）面具、应急眼罩、空气呼吸器、乳胶手套、洗眼器、冲洗淋浴装置等。

若相关规范中要求配备的防护设备有 n 种，根据下式求得 h_{s_0} 值，并根据表 4-42 确定 h_s 值。

$$h_{s_0} = \frac{1}{n} \sum_{i=1}^{n} h_{s_i}$$

表 4-42 风险点高风险设备指数 h_s 值和 h_{s_0} 值的对应关系

h_{s_0} 值	h_s 值
$h_{s_0} = 1.7$	1.7
$1.4 \leqslant h_{s_0} < 1.7$	1.4

续表

h_{s_0} 值	h_s 值
$1.3 \leqslant h_{s_0} < 1.4$	1.3
$1.2 \leqslant h_{s_0} < 1.3$	1.2
$1.0 \leqslant h_{s_0} < 1.2$	1.0

（二）物质危险指数 M

物质危险指数（M）由风险点高风险物品危险值 m 的级别确定。风险点高风险物品危险值 m 为高风险物品的实际存在量与临界量的比值及对应物品的危险特性修正系数的乘积。m 值作为分级指标，根据分级结果确定 M 值。风险点高风险物品 m 值的计算方法如下：

$$m = \beta_1 \frac{q_1}{Q_1} + \beta_2 \frac{q_2}{Q_2} + \cdots + \beta_n \frac{q_n}{Q_n}$$

式中　$q_1, q_2, \cdots, q_n$——每种泄漏于空气中的有毒气体的实际存在浓度，mg/m^3；

　　　$Q_1, Q_2, \cdots, Q_n$——与每种有毒气体相对应的临界量，mg/m^3；有毒气体的临界量取值参照《工作场所有害因素职业接触限值 化学有害因素 第 1 部分：化学有害因素》（GBZ 2.1）中的化学有害因素的职业接触限值。

　　　$\beta_1, \beta_2, \cdots, \beta_n$——与各高风险物品相对应的校正系数。

常见有毒气体校正系数 β 取值见表 4-43。

表 4-43　常见有毒气体校正系数 β 取值表

有毒气体名称	一氧化碳	二氧化硫	氨	环氧乙烷	氯化氢	溴甲烷	氯
β	2	2	2	2	3	3	4

有毒气体名称	硫化氢	氟化氢	二氧化氮	氰化氢	碳酰氯	磷化氢	异氰酸甲酯
β	5	5	10	10	20	20	20

根据计算出来的 m 值，按表 4-44 确定风险点高风险物品的级别，确定相应的物质指数 M。

表 4-44　风险点高风险物品级别和 M 值的对应关系

高风险物品级别	m 值	M 值
一级	$m \geqslant 100$	9
二级	$100 > m \geqslant 50$	7
三级	$50 > m \geqslant 10$	5
四级	$10 > m \geqslant 1$	3
五级	$m < 1$	1

（三）场所人员暴露指数 E

高风险场所的人员暴露指数主要是通过风险点的暴露人员数量，根据表 4-45 确定来的。

表 4-45　风险点暴露人数 P 与场所人员暴露指数 E 取值对照表

暴露人数（P）	E 值
100 人以上	9
30～99 人	7
10～29 人	5
3～9 人	3
0～2 人	1

（四）监测监控设施失效率修正系数 K_1

$$K_1 = 1 + l$$

式中　l——监测监控设施失效率的平均值。

（五）高风险作业危险性修正系数 K_2

$$K_2 = 1 + 0.05t$$

式中　t——风险点涉及高风险作业种类数。

中毒事故风险点涉及的高风险作业种类有：检维修作业、清洗作业、搅拌作业、混合作业、溶解作业等。

三、压力容器爆炸事故风险点风险分析

参照《固定式压力容器安全技术规程》中对压力容器定义的范围界定，纺织行业压力容器爆炸风险评价的对象为特种设备目录所定义的、同时具备以下

条件的压力容器：①工作压力大于或者等于 0.1MPa；②容积大于或等于 0.03m³，且内直径大于或者等于 150mm；③盛装介质为气体、液化气体以及介质最高温度高于或者等于其标准沸点的液体。

（一）高风险设备指数 h_s

高风险设备指数以风险点设备设施本质安全化水平作为赋值依据，表征风险点生产设备设施防止压力容器爆炸事故发生的技术措施水平。压力容器有关的设备设施包括压力容器本体、安全附件、仪表三部分，对应的危险分数见表表 4-46~表 4-48。

1. 压力容器本体危险分数（ h_{s_1} ）

表 4-46　压力容器本体危险分数

h_{s_1}	符合规范要求
1.7	否
1.0	是

根据《固定式压力容器安全技术规程》，压力容器本体界定在以下范围内：

① 压力容器与外部管道或者装置焊接（粘接）连接的第一道环向接头的坡口面、螺纹连接的第一个螺纹接头端面、法兰连接的第一个法兰密封面、专用连接件或者管道连接的第一个密封面；

② 压力容器开孔部分的承压盖及其紧固件；

③ 非受压元件与受压元件的连接焊缝，非圆形容器的壳板。

压力容器本体中的主要受压元件，包括筒节（含变径段）、球壳板、非圆形容器的壳板、封头、平盖、膨胀节、设备法兰，热交换器的管板和换热管，M36 以上螺柱以及公称直径大于或者等于 250mm 的接管和管法兰。

2. 安全附件危险分数（ h_{s_2} ）

表 4-47　安全附件危险分数

h_{s_2}	符合规范要求
1.7	否
1.0	是

压力容器安全附件部分包括直接连接在压力容器上的安全阀、爆破片装

置、易熔塞、紧急切断装置、安全联锁装置等。

3. 仪表危险分数（h_{s_3}）

表 4-48　仪表危险分数

h_{s_3}	符合规范要求
1.7	否
1.0	是

仪表部分包括直接连接在压力容器上的压力、温度、液位等测量仪表。

若相关规范中要求配备的防护设备有 n 种，根据下式求得 h_{s_0} 值，并根据表 4-49 确定 h_s 值。

$$h_{s_0} = \frac{1}{n} \sum_{i=1}^{n} h_{s_i}$$

表 4-49　风险点高风险设备指数 h_s 值和 h_{s_0} 值的对应关系

h_{s_0} 值	h_s 值
$h_{s_0} = 1.7$	1.7
$1.4 \leqslant h_{s_0} < 1.7$	1.4
$1.3 \leqslant h_{s_0} < 1.4$	1.3
$1.2 \leqslant h_{s_0} < 1.3$	1.2
$1.0 \leqslant h_{s_0} < 1.2$	1.0

（二）物质危险指数 M

M 值由风险点高风险物品的能量特性确定。纺织行业涉及的压力容器主要是锅炉。本节以蒸汽锅炉为例，介绍发生压力容器爆炸事故时，高风险物品 M 的赋值方法。

（1）蒸汽锅炉爆炸释放的能量。锅炉爆炸能量分为两部分，水蒸气的爆炸能量和高温饱和水在容器破裂时释放出的能量。

$$水蒸气的爆破能量 \ E_q = C_q V$$

式中　E_q——水蒸气的爆破能量，kJ；

　　　V——水蒸气的体积，m^3；

　　　C_q——干饱和水蒸气爆破能量系数，kJ/m^3。

饱和水容器的爆破能量 $E_s = C_s V$

式中 E_s——饱和水容器的爆破能量，kJ；

　　　V——容器内饱和水所占的体积，m^3；

　　　C_s——饱和水爆破能量系数，kJ/m^3。

则锅炉爆炸能量 $E = E_q + E_s$。

常用压力下干饱和水蒸气和饱和水爆破能量系数值见表 4-50。

表 4-50　常用压力下干饱和水蒸气和饱和水爆破能量系数

表压力 p/MPa	0.3	0.5	0.8	1.3	2.5	3.0
干饱和水蒸气爆破能量系数 $C_q(kJ/m^3)$	4.37×10^2	8.31×10^2	1.5×10^3	2.75×10^3	6.24×10^3	7.77×10^3
饱和水爆破能量系数 C_s (kJ/m^3)	2.38×10^4	3.25×10^4	4.56×10^4	6.35×10^4	9.56×10^4	10.6×10^4

（2）爆炸能量换算为 TNT 当量。因 1kg TNT 爆炸所放出的爆破能量为 4230～4836kJ/kg，取平均爆破能量为 4500kJ/kg，则压力容器爆炸能量换算成 TNT 当量为 $q = E/4500$，单位 kg。

（3）求出爆炸的模拟比 $a = 0.1q^{1/3}$。

（4）根据公式 $R = R_0 \times a$，求出对应的 R_0 值。

式中，R 为锅炉与人、建筑物的距离，m；R_0 为 1000kg TNT 爆炸试验中的相当距离，m。

（5）根据 R_0 求出相应的冲击波超压值。R_0 与超压关系见表 4-51。

表 4-51　1000kg TNT 炸药在空气中爆炸时所产生的冲击波超压

距离 R_0/m	5	6	7	8	9	10	12	14
超压 $\Delta P/MPa$	2.94	2.06	1.67	1.27	0.95	0.76	0.5	0.33
距离 R_0/m	16	18	20	25	30	35	40	45
超压 $\Delta P/MPa$	0.235	0.17	0.126	0.079	0.057	0.043	0.033	0.027
距离 R_0/m	50	55	60	65	70	75		
超压 $\Delta P/MPa$	0.0235	0.0202	0.018	0.016	0.0143	0.013		

（6）根据求取的冲击波超压，对照表 4-52 所示的超压与 M 值对应关系，求得 M 值。

表 4-52　超压与 M 值对照表

$\Delta P/\text{MPa}$	伤害作用	M 值
<0.02	可忽略不计损伤	1
0.02~0.03	轻微损伤	3
0.03~0.05	听觉器官损伤或骨折	5
0.05~0.10	内脏严重损伤或死亡	7
>0.10	大部分人员死亡	9

（三）场所人员暴露指数 E

高风险场所的人员暴露指数主要是根据风险点的暴露人员数量确定的，见表 4-53。

表 4-53　风险点暴露人数 P 与场所人员暴露指数 E 取值对照表

暴露人数（P）	E 值
100 人以上	9
30~99 人	7
10~29 人	5
3~9 人	3
0~2 人	1

（四）监测监控设施失效率修正系数 K_1

$$K_1 = 1 + l$$

式中　l——监测监控设施失效率的平均值。

（五）高风险作业危险性修正系数 K_2

$$K_2 = 1 + 0.05t$$

式中　t——风险点涉及高风险作业种类数。

容器爆炸事故风险点涉及的高风险作业种类有：检维修作业、加载作业、卸载作业、进料作业等。

四、粉尘爆炸事故风险分析

纺织行业粉尘爆炸事故参见第六章第二节粉尘爆炸重点专项领域单元。

五、有限空间事故风险分析

纺织行业有限空间事故参见第六章第三节有限空间重点专项领域单元。

第五节　烟草行业风险辨识

采取单元到风险点的"五高"重大风险辨识方法。借鉴安全标准化单元划分经验，以存在相对独立的加工工艺系统的车间为"五高"风险辨识单元；集合法律标准规范、实地调研和事故案例分析的结果，以可能诱发本单元的重特大事故点作为风险点[10]。烟草行业总共划分归纳为 6 个单元，16 个风险点。如表 4-54 所示。

表 4-54　单元与风险点划分

序号	单元	风险点	事故类型
1	制丝单元	制丝车间、除尘系统、生产设备设施	粉尘爆炸事故
		香料配置罐	有限空间中毒窒息事故
		烟丝膨胀炉	
		CO_2 储罐	
		制丝车间	火灾事故
2	卷接单元	卷接车间、除尘系统、生产设备设施	粉尘爆炸事故
		卷接车间	火灾事故
3	动力单元	地埋罐	中毒窒息事故
		分汽缸	
		油库	火灾爆炸事故
		锅炉	
4	原料仓库单元	原料仓库本体	火灾事故
			中毒窒息事故
5	成品/半成品库单元	成品/半成品仓库本体	火灾事故
			中毒窒息事故
6	露天堆场单元	烟草露天堆场	火灾事故

一、原料仓库单元风险分析

原料仓库单元的固有危险指数 H 由仓库火灾爆炸事故的固有危险指数 h_1 以及中毒事故的固有危险指数 h_2，经过风险点的暴露时间加权进行计算。

$$H = \sum_{i=1}^{n} h_i (E_i / F)$$

式中　F——两个风险点的人员暴露时间的总和；

　　　h_i——单元内第 i 个风险点危险指数；

　　　E_i——单元内第 i 个风险点场所人员暴露指数；

　　　n—— 单元内风险点数。

（一）原料仓库火灾事故风险点固有危险指数 h

原料仓库火灾事故风险的固有危险指数 h：

$$h = \prod h_s M E K_1 K_2$$

式中　h_s——高风险设备指数；

　　　M——物质危险系数；

　　　E——场所人员暴露指数；

　　　K_1——监测监控失效率修正系数；

　　　K_2——高风险作业危险性修正系数。

1. 高风险设备指数

高风险设备指数可以用设备本质安全化水平表示，以原料仓库本体的本质安全化水平作为赋值依据（见表 4-55）。

表 4-55　原料仓库故障类型对照表

	对应的故障类型		技术措施的情况	分值
仓库本体本质安全化水平	危险隔离(替代)		仓库耐火等级达标，使用阻燃材料	1.0
	故障安全	失误安全	仓库未定期进行防火检查	1.2
		失误风险	消防设施和消防器材配备不合格	1.4
	故障风险	失误安全	仓库未设置防雷装置	1.3
		失误风险	库内电气装置、电线路的铺设不合格	1.7
			仓库防火设计不合格	

在用本质安全化水平表征高风险设备指数 h_s 的时候，应结合实际情况，对应取值。如果对应多个分值，应选取最大值作为整个风险点的固有危险指数。

2. 物质危险指数 M

M 值由烟草的火灾危险性指数确定。由于 GB 18218《危险化学品重大危险源辨识标准》里面对烟草行业的危险物品未作详细规定，参照易燃固体类选取临界量，Q 为 200t，修正系数 β 为 1。采用单元内的实际存在量与临界量的比值及对应物品的危险特性修正系数乘积的 m 值作为分级指标，根据分级结果确定 M 值。

$$m = \frac{\beta_i \sum\limits_{i=1}^{n} q_i}{Q}$$

式中　q_i——仓库的易燃固体的实际存在量，包括烟叶烟梗，以及相应的棉麻袋等易燃固体；

　　　Q——仓库的易燃固体的临界量；

　　　β_i——各高风险物品相对应的校正系数。

3. 场所人员暴露指数 E

高风险场所的人员暴露指数主要是根据风险点的暴露人员数量确定的，见表 4-56。

表 4-56　风险点暴露人数 P 与场所人员暴露指数 E 取值对照表

暴露人数（P）	E 值
100 人以上	9
30～99 人	7
10～29 人	5
3～9 人	3
0～2 人	1

4. 监测监控设施失效率修正系数 K₁

$$K_1 = 1 + l$$

式中 l——火灾报警器等监测设施的失效率的平均水平。

5. 高风险作业危险性修正系数 K_2

$$K_2 = 1 + 0.05t$$

式中 t——动火作业、电工作业、常规设备检维修等高风险作业种类及个数。

(二)原料仓库中毒事故风险点固有危险指数 h

原料仓库中毒事故风险的固有危险指数 h：

$$h = \prod h_s M E K_1 K_2$$

式中 h_s——高风险设备指数；

M——物质危险系数；

E——场所人员暴露指数；

K_1——监测监控失效率修正系数；

K_2——高风险作业危险性修正系数。

1. 高风险设备指数 h_s

高风险设备指数以原料仓库设备设施本质化安全水平作为赋值依据（见表4-57）。

表 4-57　故障类型对照表

类型	取值
危险隔离替代	1
危险状况自动检测、调整、报警并联锁控制	1.2
危险状况自动检测、报警	1.3
危险状况靠作业者观察仪表发现	1.4
危险状况靠作业者凭经验判断	1.7

根据粮食仓储企业熏蒸作业的实际情况，确定 h_s 的取值。

2. 物质危险指数 M

主要是考虑烟草的火灾这一特性，物质危险指数取值参照 GBZ 2.1《工作场所有害因素职业接触限值 化学有害因素 第1部分：化学有害因素》的标准。主要以短时间接触容许浓度（PC-TWA）和最高容许浓度（MAC）为临界值。

最高容许浓度：工作地点、在一个工作日内、任何时间有毒化学物质均不应超过的浓度。

短时间接触容许浓度：允许短时间（15min）接触的浓度。

$$m = \sum_{i=1}^{N} \beta_i \frac{q_i}{Q_i}$$

式中 q_i——每种毒性气体的实际浓度；

Q_i——每种毒性气体相对应的临界量（PC-TWA、MAC）；

β_i——与各高风险物品相对应的校正系数。

3. 场所人员暴露指数 E

高风险场所的人员暴露指数主要是根据风险点的暴露人员数量确定的，见表 4-58。

表 4-58   风险点暴露人数 P 与场所人员暴露指数 E 取值对照表

暴露人数（P）	E 值
100 人以上	9
30~99 人	7
10~29 人	5
3~9 人	3
0~2 人	1

4. 监测监控设施失效率修正系数 K₁

$$K_1 = 1 + l$$

式中 l——磷化氢监测器以及温度湿度等监测设施的失效率的平均水平。

5. 高风险作业危险性修正系数 K₂

$$K_2 = 1 + 0.05t$$

式中 t——熏蒸作业以及常规设备检维修等高风险作业的种类及个数。

二、露天堆场单元固有危险指数 H 评价

查阅资料及结合生产实际，露天堆场单元在重特大事故发生上，仅考虑火

灾事故。因此选取露天堆场火灾事故风险点作为该单元的风险分析基础。露天堆场火灾事故风险点固有危险指数计算如下。

（一）露天堆场火灾事故风险点固有危险指数 h

1. 高风险设备指数 h

露天堆场的高风险设备指数以仓库本体的安全化水平来衡量，具体取值如表 4-59 所示。

表 4-59　露天堆场故障类型对照表

指标描述	故障类型		本质安全化水平参照表	对应分值
本质安全化水平	危险隔离（替代）		危险状况自动检测、调整、报警并联锁控制	1.0
	故障安全	失误安全	危险状况自动检测、报警，操作室遥控作业	1.2
		失误风险	危险状况自动检测、报警，单人现场作业	1.4
			危险状况自动检测、报警，多人现场作业	
	故障风险	失误安全	危险状况靠作业者观察仪表发现，操作室遥控作业	1.3
			危险状况靠作业者凭经验判断，操作室遥控作业	
		失误风险	危险状况靠作业者观察仪表发现，单人现场作业	1.7
			危险状况靠作业者观察仪表发现，多人现场作业	
			危险状况靠作业者凭经验判断，单人现场作业	
			危险状况靠作业者凭经验判断，多人现场作业	

2. 物质危险指数 M

露天堆场的主要物质为烟叶，根据 GB 18218 规定，烟叶属于易燃固体的其他类，那么临界量 Q 为 200t，修正系数 β 取值按其他类别取，$\beta=1$；实际存在量按照企业实际日常的存放量来算，若没有相关数据，可根据堆场的占地面积来进行估算。

3. 场所人员暴露指数 E

高风险场所的人员暴露指数主要是根据风险点的暴露人员数量确定的，见表 4-60。

表 4-60　风险点暴露人数 P 与场所人员暴露指数 E 取值对照表

暴露人数(P)	E 值
100 人以上	9
30~99 人	7
10~29 人	5
3~9 人	3
0~2 人	1

4. 监测监控设施失效率修正系数 K_1

$$K_1 = 1 + l$$

式中　l——监测监控设施失效率的平均值。

5. 高风险作业危险性修正系数 K_2

$$K_2 = 1 + 0.05t$$

式中　t——风险点涉及高风险作业种类数。

6. 露天堆场火灾事故风险点固有危险指数 h 评价

$$h = \prod h_s MEK_1K_2$$

（二）露天堆场单元固有危险指数 H

露天堆场单元只有一个火灾事故风险点，因此选取露天堆场火灾事故风险点的固有危险指数作为露天堆场单元的固有危险指数。

三、粉尘爆炸事故风险分析

烟草行业粉尘爆炸事故参见第六章第二节粉尘爆炸重点专项领域单元。

四、有限空间事故风险分析

烟草行业有限空间事故参见第六章第三节有限空间重点专项领域单元。

第六节　建材行业风险辨识

建材行业主要包括水泥制造、平板玻璃制造、平板玻璃辅助系统单元、建筑卫生陶瓷制造、耐火材料制造以及石膏板制造等工艺，总工包括 6 个风险单元，23 个风险点[11]。如表 4-61 所示：

表 4-61　建材行业单元与风险点划分

序号	单元名称	风险点	事故类型
1	水泥制造单元	煤粉制备系统粉尘爆炸事故风险点	粉尘爆炸
		原料磨系统有限空间中毒、窒息事故风险点	
		柴油罐爆炸事故风险点	爆炸
		回转窑爆炸事故风险点	
		筒型存储库有限空间中毒事故风险点	有限空间中毒
		余热发电锅炉爆炸事故风险点	爆炸
		玻璃窑炉火灾爆炸事故风险点	火灾爆炸
		锡槽配气间火灾爆炸事故风险点	
		镀膜间火灾爆炸事故风险点	
		二氧化硫供气间中毒事故风险点	中毒
3	平板玻璃辅助系统单元	液氨罐、中间储罐火灾爆炸事故风险点	火灾爆炸
		煤气发生炉火灾爆炸事故风险点	
		氢气发生站火灾爆炸事故风险点	
4	建筑卫生陶瓷制造单元	造粒/喷雾干燥塔有限空间中毒事故风险点	有限空间中毒
		窑炉有限空间中毒事故风险点	有限空间中毒
		窑炉火灾爆炸事故风险点	火灾爆炸
		煤气发生炉火灾爆炸事故风险点	火灾爆炸
		煤气发生炉有限空间中毒事故风险点	有限空间中毒
5	耐火材料制品制造单元	煤气发生炉火灾爆炸事故风险点	火灾爆炸
		煤气发生炉有限空间中毒事故风险点	有限空间中毒
		有限空间中毒事故风险点	有限空间中毒
6	石膏板制造单元	导热油系统火灾爆炸事故风险点	火灾爆炸
		仓库火灾爆炸事故风险点	

其中将水泥制造分为生料制备单元、熟料烧成单元、水泥储存单元、辅助系统单元4个单元。生料制备单元风险点集中于磨机、选粉机、煤粉仓、破碎机、原料磨系统除尘器、煤粉制备系统除尘器等位置，风险点易发生粉尘爆炸事故及有限空间事故；熟料烧成单元主要风险点集中于柴油罐、焙烧窑、回转窑等位置，风险点易发生爆炸事故；水泥储存单元风险点集中于水泥储存库，风险点易发生有限空间事故及坍塌事故；辅助系统单元风险点集中于余热发电锅炉、氨水储罐等位置，易发生爆炸事故、有限空间事故。

平板玻璃制造分为熔化单元、成型退火单元、辅助系统单元3个单元。熔化单元风险点集中于天然气调压室、玻璃窑炉等位置，其易发生火灾爆炸事故；成型退火单元易风险点集中于锡槽配气间、玻璃锡槽、镀膜间、二氧化硫供气间等位置，其易发生火灾爆炸事故、中毒事故；辅助系统单元风险点较多，涉及液氨储罐、氢气发生站、煤气发生炉等位置，易发生火灾爆炸、物理爆炸、有限空间事故。

建筑卫生陶瓷制造分为原料加工单元、烧成单元、辅助系统单元3个单元。原料加工单元风险点集中于造粒喷雾干燥塔，其易发生有限空间事故；烧成单元风险点集中于窑炉，其易发生有限空间事故及火灾爆炸事故；辅助系统风险点集中于煤气发生炉，其易发生有限空间事故及火灾爆炸事故。

耐火材料制品制造分为煤气发生站单元、原料锻造2个单元。煤气发生站单元风险点即为煤气发生炉，其易发生火灾爆炸和有限空间事故。

石膏板制造供热系统单元主要是导热油系统易发生火灾爆炸事故。

一、柴油罐爆炸事故

（一）高风险设备指数 h_s

高风险设备指数以风险点设备设施本质化安全水平作为赋值依据（见表4-62）。

表4-62　高风险设备指数 h_s 取值表

类型	取值
危险隔离替代	1
危险状况自动检测、调整、报警并联锁控制	1.2
危险状况自动检测、报警	1.3
危险状况靠作业者观察仪表发现	1.4
危险状况靠作业者凭经验判断	1.7

根据不同有限空间的实际情况，确定 h_s 的取值。

（二）物质危险指数 M

物质危险指数（M）由风险点高风险物品危险值 m 的级别确定。风险点高风险物品危险值 m 为柴油罐中柴油实际存在量与临界量的比值及对应物品的危险特性校正系数乘积。

具体计算方法如下：

$$m = \beta_1 \frac{q_1}{Q_1}$$

式中　q_1——柴油实际存在量，t；

$\quad\quad Q_1$——柴油临界储存量，t；

$\quad\quad \beta_1$——高风险物品柴油对应的校正系数。

（三）场所人员暴露指数 E

高风险场所的人员暴露指数主要是根据风险点的暴露人员数量确定的，见表 4-63。

表 4-63　风险点暴露人数 P 与场所人员暴露指数 E 取值对照表

暴露人数（P）	E 值
100 人以上	9
30~99 人	7
10~29 人	5
3~9 人	3
0~2 人	1

（四）监测监控设施失效率修正系数 K_1

$$K_1 = 1 + l$$

式中　l——监测监控设施失效率的平均值。

（五）高风险作业危险性修正系数 K_2

$$K_2 = 1 + 0.05t$$

式中　t——风险点涉及高风险作业种类数。

柴油罐所属单元仅进行熟料烧成作业。

二、锅炉爆炸、容器爆炸事故

（一）高风险设备指数（h_s）

锅炉、容器的高风险设备指数由安全附件设备指数和安全保护装置设备指数决定，根据防护设备是否符合相关规定来取值。

1. 安全附件设备指数（h_{s_1}）（见表 4-64）

表 4-64　安全附件设备指数

h_{s_1}	符合规范要求
1.7	否
1.0	是

2. 安全保护装置设备指数（h_{s_2}）（见表 4-65）

表 4-65　安全保护装置设备指数

h_{s_2}	符合规范要求
1.7	否
1.0	是

若相关规范中要求配备的防护设备有 n 种，根据下式计算 h_{s_0} 值：

$$h_{s_0} = \frac{1}{n}\sum_{i=1}^{n}h_{s_i}$$

根据计算出 h_{s_0} 值，根据表 4-66 确定 h_s 值。

表 4-66　h_s 取值表

h_{s_0} 值	h_s 值
$h_{s_0}=1.7$	1.7
$1.4 \leqslant h_{s_0} < 1.7$	1.4
$1.3 \leqslant h_{s_0} < 1.4$	1.3
$1.2 \leqslant h_{s_0} < 1.3$	1.2
$1.0 \leqslant h_{s_0} < 1.2$	1.0

（二）物质危险指数（M）

1. 锅炉爆炸能量

锅炉爆炸能量分为两部分，水蒸气的爆破能量和高温饱和水在容器破裂时释放出的能量。

水蒸气的爆破能量：

$$E_q = C_q V$$

式中　E_q——水蒸气的爆破能量，kJ；

　　　V——水蒸气的体积，m^3；

　　　C_q——干饱和水蒸气爆破能量系数，kJ/m^3。

饱和水容器的爆破能量：

$$E_s = C_s V$$

式中　E_s——饱和水容器的爆破能量 kJ；

　　　V——容器内饱和水所占的体积 m^3；

　　　C_s——饱和水爆破能量系数，kJ/m^3。

锅炉爆炸能量：

$$E = E_q + E_s$$

常用压力下干饱和水蒸气和饱和水爆破能量系数值见表 4-67。

表 4-67　常用压力下干饱和水蒸气和饱和水爆破能量系数

表压力 P/MPa	0.3	0.5	0.8	1.3	2.5	3.0
干饱和水蒸气爆破能量系数 $C_g(kJ/m^3)$	$4.37×10^2$	$8.31×10^2$	$1.5×10^3$	$2.75×10^3$	$6.24×10^3$	$7.77×10^3$
饱和水爆破能量系数 $C_g(kJ/m^3)$	$2.38×10^4$	$3.25×10^4$	$4.56×10^4$	$6.35×10^4$	$9.56×10^4$	$1.06×10^4$

2. 锅炉爆炸能量换算为 TNT 当量

因 1kgTNT 爆炸所放出的爆破能量为 4230～4836kJ/kg，取平均爆破能量为 4500kJ/kg，则锅炉爆炸能量 E 换算成 TNT 当量为 $q = E/4500$，单位 kg。

3. 爆炸的模拟比

$$a = 0.1q^{1/3}$$

根据公式 $R = R_0 × a$，求出相应 R_0。

式中，R 为锅炉与人、建筑物的距离，R_0 为 1000kg TNT 爆炸试验中的相当距离。

根据 R_0 求出相应的冲击波超压值。R_0 与超压关系见表 4-68。

表 4-68　1000kg TNT 炸药在空气中爆炸时所产生的冲击波超压

距离 R_0/m	5	6	7	8	9	10	12	14	16	18	20
超压 ΔP/MPa	2.94	2.06	1.67	1.27	0.95	0.76	0.5	0.33	0.235	0.17	0.126
距离 R_0/m	25	30	35	40	45	50	55	60	65	70	75
差压 ΔP/MPa	0.079	0.057	0.043	0.033	0.027	0.023	0.02	0.018	0.016	0.0143	0.013

4. 得出 M 值

根据冲击波超压，求得 M 值（见表 4-69）。

表 4-69　M 取值表

ΔP/MPa	伤害作用	M 值
<0.02	可忽略不计损伤	1
0.02~0.03	轻微损伤	3
0.03~0.05	听觉器官损伤或骨折	5
0.05~0.10	内脏严重损伤或死亡	7
>0.10	大部分人员死亡	9

（三）场所人员暴露指数 E

高风险场所的人员暴露指数主要是根据风险点的暴露人员数量确定的，见表 4-70。

表 4-70　风险点暴露人数 P 与场所人员暴露指数 E 取值对照表

暴露人数(P)	E 值
100 人以上	9
30~99 人	7
10~29 人	5
3~9 人	3
0~2 人	1

（四）监测监控设施失效率修正系数 K_1

$$K_1 = 1 + l$$

式中　l——监测监控设施失效率的平均值。

（五）高风险作业危险性修正系数 K_2

$$K_2=1+0.05t$$

式中　t——风险点涉及高风险作业种类数。

锅炉所属单元只涉及动火作业。

三、粉尘爆炸事故风险分析

建材行业粉尘爆炸事故参见第六章第二节粉尘爆炸重点专项领域单元。

四、有限空间事故风险分析

建材行业有限空间事故参见第六章第三节有限空间重点专项领域单元。

第七节　商贸行业风险辨识

商贸行业主要包括批发业、零售业、仓储业、住宿业、餐饮业等 5 大类企业。各行业风险点类型及事故类型均不同，且餐饮业所涉及事故危害较小，主要发生的事故有人员密集踩踏事故、电梯事故和火灾事故。由于火灾归消防部门管理，故商贸行业只研究人员密集踩踏事故、电梯事故和火灾事故[12]。商贸行业总共划分归纳为 2 个单元，2 个风险点。如表 4-71 所示：

表 4-71　商贸行业单元与风险点划分

序号	单元	风险点	事故类型
1	电梯单元	电梯事故风险点	电梯事故
2	人员密集单元	人员密集踩踏事故风险点	踩踏事故

一、电梯事故

（一）高风险设备指数（h_s）

高风险设备指数根据防护设备是否符合相关规定来取值。

（1）制动器设备指数（h_{s_1}）（见表 4-72）

表 4-72　制动器设备指数

制动器设备指数 h_{s_1}	符合规范要求
1.7	否
1.0	是

（2）曳引绳设备指数（h_{s_2}）（见表 4-73）

表 4-73　曳引绳设备指数

h_{s_2}	符合规范要求
1.7	否
1.0	是

（3）缓冲器设备指数（h_{s_3}）（见表 4-74）

表 4-74　缓冲器设备指数

缓冲器设备指数 h_{s_3}	符合规范要求
1.7	否
1.0	是

（4）控制柜电气元件设备指数（h_{s_4}）（见表 4-75）

表 4-75　控制柜电气元件设备指数

控制柜电气元件设备指数 h_{s_4}	符合规范要求
1.7	否
1.0	是

若存在 n 种类型的防护设备，用下式计算 h_{s_0} 值：

$$h_{s_0} = \frac{1}{n} \sum_{i=1}^{n} h_{s_i}$$

根据计算出 h_{s_0} 值，根据表 4-76 确定 h_s 值。

表 4-76 h_s 取值表

h_{s_0} 值	h_s 值
$h_{s_0}=1.7$	1.7
$1.4 \leqslant h_{s_0} < 1.7$	1.4
$1.3 \leqslant h_{s_0} < 1.4$	1.3
$1.2 \leqslant h_{s_0} < 1.3$	1.2
$1.0 \leqslant h_{s_0} < 1.2$	1.0

（二）物质危险指数（M）

以电梯所在建筑物内楼层高度为标准确定物质危险指数，见表 4-77。

表 4-77 物质危险指数取值表

取值	1	3	5	7	9
层高	10m 以下	10~24m	24~50m	50~100m	100m 以上

（三）场所人员暴露指数 E

高风险场所的人员暴露指数主要是根据风险点的暴露人员数量确定的，见表 4-78。

表 4-78 风险点暴露人数 P 与场所人员暴露指数 E 取值对照表

暴露人数（P）	E 值
100 人以上	9
30~99 人	7
10~29 人	5
3~9 人	3
0~2 人	1

（四）监测监控设施失效率修正系数 K_1

$$K_1 = 1 + l$$

式中 l——监测监控设施失效率的平均值。

（五）高风险作业危险性修正系数 K_2

$$K_2 = 1 + 0.05t$$

式中　t——风险点涉及高风险作业种类数。

电梯不涉及相关作业，K_2 取值为 1。

二、人员密集踩踏事故

商贸行业人员密集踩踏事故参见第六章第四节人员密集重点专项领域单元。

参考文献

[1] 王先华, 夏水国, 王彪. 企业重大风险辨识评估技术与管控体系研究[A]. 中国金属学会冶金安全与健康分会. 2019 年中国金属学会冶金安全与健康年会论文集[C]. 中国金属学会冶金安全与健康分会: 中国金属学会, 2019:3.

[2] 王彪, 刘见, 徐厚友, 等. 工业企业动态安全风险评估模型在某炼钢厂安全风险管控中的应用[J]. 工业安全与环保, 2020, 46(4):11-16.

[3] 叶义成. 非煤矿山重特大风险管控[A]. 中国金属学会冶金安全与健康分会. 2019 中国金属学会冶金安全与健康年会论文集[C]. 中国金属学会冶金安全与健康分会: 中国金属学会, 2019:6.

[4] 国家安全生产监督管理总局. 关于工贸行业遏制重特大事故工作意见的通知[Z]. 2016-6-28.

[5] 国家安全生产监督管理总局. 《工贸行业重大生产安全事故隐患判定标准（2017 版）》[Z]. 2017-12-5.

[6] 陶阳. 船舶典型环境下火灾特征演化规律实验研究[D]. 中国地质大学, 2020.

[7] 李欢. 基于 AHP-熵权法的物元模型在机械企业安全风险评价中的应用研究[D]. 中国地质大学, 2018.

[8] 史小棒. 特种设备安全风险分级模型研究[D]. 中国地质大学, 2019.

[9] 梁天瑞. 汽车制造业涂装车间安全风险评估与管控研究[D]. 中国地质大学, 2020.

[10] 郭颖. 烟草加工场所粉尘爆炸风险分级研究[D]. 中国地质大学, 2018.

[11] 张秀玲. 基于 SEM-BN 的木地板加工车间粉尘爆炸风险评估[D]. 武汉科技大学, 2020.

[12] 宋思雨, 徐克, 尚迪, 等. 基于 Haddon 矩阵和 ISM 的人员密集场所踩踏事故风险分析[J]. 安全与环境工程, 2019, 26(5):150-155.

第五章

工贸行业"五高"风险评估与分级

第一节　"5+1+N"风险指标体系

"5+1+N"风险指标体系主要包括风险点事故严重度指标、单元风险频率指标以及动态指标三部分[1]。

1. 风险点风险严重度（固有风险）指标（5）

"五高"固有风险指标重点将高风险物品、高风险工艺、高风险设备、高风险场所、高风险作业作为指标体系的五个风险因子，分析指标要素与特征值，构建固有风险指标体系[2]。

2. 单元风险频率指标（1）

将企业安全管理现状整体安全程度表征单元高危风险管控频率指标。

3. 单元风险动态指标体系（N）

动态风险指标体系重点从高危风险监测特征指标、事故隐患动态指标、物联网大数据指标、特殊时期指标、自然环境等方面分析指标要素与特征值，构建指标体系[3]。

第二节　单元"5+1+N"风险指标计量模型

一、固有风险指标"5"

（一）风险点固有风险指标

风险点事故风险的固有危险指数（h）受下列因素影响：

（1）设备本质安全化水平；

（2）监测监控失效率水平（体现工艺风险）；

（3）物质危险性；

（4）场所人员风险暴露；

（5）高风险作业危险性。

将风险点危险指数 h 定义为：

$$h = h_s MEK_1K_2$$

式中　h_s——高风险设备指数；

　　　M——物质危险系数；

　　　E——场所人员暴露指数；

　　　K_1——监测监控失效率修正系数；

　　　K_2——高风险作业危险性修正系数。

1. 高风险设备指数（h_s）

高风险设备指数以风险点设备设施本质安全化水平作为赋值依据[4]，表征风险点生产设备设施防止事故发生的技术措施水平，取值范围 1.1～1.7，按表 5-1 取值。

表 5-1　风险点高风险设备指数（h_s）

类型		取值
危险隔离（替代）		1.0
故障安全	失误安全	1.2
	失误风险	1.4
故障风险	失误安全	1.3
	失误风险	1.7

2. 高风险物品（M）

高风险物品由物质危险指数 M 表征[5]。M 值由风险点高风险物品的火灾、爆炸、毒性、能量等特性确定，采用高风险物品的实际存在量与临界量的比值及对应物品的危险特性修正系数乘积的 m 值作为分级指标，根据分级结果确定 M 值。

风险点高风险物品 m 值的计算方法如下：

$$m = \beta_1 \frac{q_1}{Q_1} + \beta_2 \frac{q_2}{Q_2} + \cdots + \beta_1 \frac{q_n}{Q_n}$$

式中 q_1，q_2，$\cdots$，q_n——每种高风险物品实际存在（在线）量，t；

Q_1，Q_2，$\cdots$，Q_n——与各高风险物品相对应的临界量，t；

β_1，$\beta_2 \cdots$，β_n——与各高风险物品相对应的校正系数。

工贸企业涉及高风险物品的相对应临界量 Q_n 如表 5-2 所示。

表 5-2　工贸行业高风险物品及对应临界量

序号	危险化学品名称和说明	临界量 Q_n(t)
1	氨	10
2	二氧化硫	20
3	甲醛（含量＞90％）	5
4	磷化氢	1
5	硫化氢	5
6	氯化氢（无水）	20
7	氯	5
8	煤气（CO,CO 和 H_2、CH_4 的混合物等）	20
9	甲烷，天然气	50
10	氢	5
11	乙炔	1
12	乙烯	50
13	氧（压缩的或液化的）	200
14	二硫化碳	50
15	甲醇	500
16	汽油（乙醇汽油、甲醇汽油）	200
17	乙醇	500
18	乙醚	10
19	白磷	50
20	过氧化钠	20
21	碳化钙	100

校正系数 β 的取值如表 5-3 所示。

表 5-3　工贸企业常见高风险物品的校正系数

校正系数	一氧化碳	二氧化硫	氨	环氧乙烷	氯化氢	溴甲烷	氯
β	2	2	2	2	3	3	4
校正系数	硫化氢	氟化氢	二氧化氮	氰化氢	碳酰氯	磷化氢	异氰酸甲酯
β	5	5	10	10	20	20	20

根据计算出的 m 值,按确定工贸企业风险点高风险物品的级别,确定相应的物质危险指数 M,取值范围为 1~9,如表 5-4 所示。

表 5-4　高风险物品级别及对应的危险指数取值

高风险物品级别	m 值	M 值
一级	$m \geqslant 100$	9
二级	$100 > m \geqslant 50$	7
三级	$50 > m \geqslant 10$	5
四级	$10 > m \geqslant 1$	3
五级	$m < 1$	1

3. 高风险场所（E）

高风险场所由场所人员暴露指数 E 来表征[6]。人员暴露指数以单元 1km 范围内的人员数为依据,按表 5-5 取值。

表 5-5　暴露人数及其对应的人员暴露指数

暴露人数（P）	E 值
100 人以上	9
30~99 人	7
10~29 人	5
3~9 人	3
0~2 人	1

4. 高风险工艺（K_1）

由监测监控设施失效率修正系数 K_1 表征:

$$K_1 = 1 + l$$

式中　l——监测监控设施失效率的平均值。

5. 高风险作业（K_2）

由危险性修正系数 K_2 表征：

$$K_2 = 1 + 0.05t$$

式中　t——风险点涉及高风险作业种类数。

（二）单元固有危险指数（H）

单元区域内存在若干各风险点，根据安全控制论原理，单元固有危险指数为若干风险点固有危险指数的场所人员暴露指数加权累计值。H 定义如下：

$$H = \sum_{i=1}^{n} h_i (E_i / F)$$

式中　h_i——单元内第 i 个风险点固有危险指数；

　　　E_i——单元内第 i 个风险点场所人员暴露指数；

　　　F——单元内各风险点场所人员暴露指数累计值；

　　　n——单元内风险点数。

二、单元风险频率指标"1"

根据安全生产标准化专业评定标准，初始安全生产标准化等级满分为 100 分，一级为最高[7]。单元初始高危风险管控频率指标从企业安全生产管控标准化程度来衡量，即采用单元安全生产标准化分数考核办法来衡量单元固有风险初始引发事故的概率。以单元安全生产标准化得分的倒数作为单元高危风险管控频率指标。则计量单元初始高危风险管控频率为：

$$G = 100 / v$$

式中　G——单元初始高危风险管控频率；

　　　v——安全生产标准化自评/评审分值。

三、现实风险动态修正指标"N"

现实风险动态修正指标实时修正单元初始高危安全风险（R_0）或风险点固有危险指数（h）。主要包括高危风险监测监控特征指标（K_3）、安全生产基础管理动态修正系数（B_S）、特殊时期指标、高危风险物联网指标和自然环境等[8]。

（一）高危风险监测特征修正系数（K_3）

高危风险监测特征修正系数 K_3 由监测报警等级和风险点的固有危险指数 h 共同决定。在线监测指标实时报警分一级报警（低报警）、二级报警（中报警）和三级报警（高报警）。风险点固有危险指数 h 分为四个档次，一档固有危险指数范围为 $0<h\leqslant20$，二档固有危险指数范围为 $21\leqslant h\leqslant50$，三档固有危险指数范围为 $51\leqslant h\leqslant80$，四档固有危险指数范围为 $h\geqslant81$。高危风险监测特征修正系数取值规则见表 5-6。

表 5-6　监测指标对风险的扰动矩阵

K_3		正常	一级报警	二级报警	三级报警
风险点固有危险指数 h	0~20	1	1	1	1
	21~50	1.2	1.2	1.2	1.5
	51~80	1.5	1.5	1.5	2.5
	81	2.5	2.5	2.5	2.5

（二）安全生产基础管理动态修正系数（B_S）

安全生产基础管理动态修正系数主要包括事故隐患层级、事故隐患整改率 2 项指标。

1. 事故隐患等级（l_1）

分为一般隐患和重大隐患。不同等级的隐患的对应分值如表 5-7 所示。

表 5-7　不同隐患等级对应分值（b_n）

序号	不同隐患等级	对应分值(b_n)
1	重大隐患	1
2	一般隐患	0.1

$$I_1 = B_1 b_1 + B_2 b_2$$

式中 I_1——隐患等级的计算结果；

B_1——重大隐患对应数量；

B_2——一般隐患对应数量；

b_1——重大隐患对应分值；

b_2——一般隐患对应分值。

2. 隐患整改率（I_2）

隐患整改率不同，对应分值如表 5-8 所示。

表 5-8 不同隐患整改率对应分值

序号	隐患整改率	对应分值（c_{n_1}, c_{n_2}）
1	等于 100%	0
2	大于或等于 80%，且小于 100%	0.2
3	大于或等于 50%，且小于 80%	0.4
4	大于或等于 30%，且小于 50%	0.6
5	小于 30%	0.8

$$I_2 = B_1 b_1 c_{n_1} + B_2 b_2 c_{n_2}$$

式中 I_3——隐患整改率的计算结果；

c_{n_1}——重大隐患整改率对应的分值，$n_1 = 1, 2, 3, 4, 5$；

c_{n_2}——一般隐患整改率对应的分值，$n_2 = 1, 2, 3, 4, 5$。

3. 指标权重确定

根据历史安全数据、事故情况等，各指标在安全生产基础管理动态修正系数（B_S）体系中的相对重要程度，确定各指标对 B_S 的权重赋值。具体各指标权重值（W_n）见表 5-9。

表 5-9 事故隐患各动态指标对应权重 W_n

序号	事故隐患动态指标类型	对应分值 W_n
1	事故隐患等级	0.4
2	事故隐患整改率	0.6

4. 安全生产基础管理动态修正系数（B_S）

通过指标量化值及其指标权重，建立数学模型，得出 B_S 值。事故隐患动态数据对安全风险产生负向影响。

安全生产基础管理动态修正系数（B_S）对安全生产基础管理状态的生成，根据其指标对安全生产基础管理状态状况的影响，产生正向和负向的系数影响。即有利于事故预防、安全管理的指标项在公式中属于负向的系数，不利于事故预防、安全管理的指标项公式中属于正向的系数。

$$B_S = I_1 W_1 + I_2 W_2$$

式中　B_S——安全生产基础管理动态修正系数；

　　　W_n——各指标所对应的权重，$n=1,2$。

（三）特殊时期指标修正

特殊时期指标指法定节假日、国家或地方重要活动等时期。对初始的单元现实风险提一档。

（四）高危风险物联网指标修正

高危风险物联网指标指近期单元发生生产安全事故及国内外发生的典型同类事故。对初始的单元现实风险提一档。

（五）自然环境指标修正

自然环境指区域内发生气象、地震、地质等灾害。对初始的单元现实风险（R）提一档。

四、单元现实风险

（一）风险点固有危险指数动态监测指标修正值（h_d）

高危风险动态监测特征指标报警信号修正系数（K_3）对风险点固有风险指标进行动态修正：

$$h_d = h K_3$$

式中　h_d——风险点固有危险指数动态监测指标修正值；

h——风险点固有危险指数；

K_3——高危风险动态监测特征指标报警信号修正系数。

（二）单元固有危险指数动态修正值（H_D）

单元区域内存在若干各风险点，根据安全控制论原理，单元固有危险指数动态修正值（H_D）为若干风险点固有危险指数动态监测指标修正值（h_{di}）与场所人员暴露指数加权累计值。H_D 定义如下：

$$H_D = \sum_{i=1}^{n} h_{di}(E_i/F)$$

式中　H_D——单元固有危险指数动态修正值；

h_{di}——单元内第 i 个风险点固有危险指数动态监测指标修正值；

E_i——单元内第 i 个风险点场所人员暴露指数；

F——单元内各风险点场所人员暴露指数累计值；

n——单元内风险点数。

（三）单元初始高危安全风险（R_0）

将单元高危风险管控频率（G）与固有风险指数聚合：

$$R_0 = GH_D$$

式中　R_0——单元初始安全风险值；

G——单元风险管控频率指数值；

H_D——单元固有危险指数动态修正值。

（四）单元现实风险（R_N）

单元现实风险（R_N）为现实风险动态修正指标对单元初始高危安全风险（R_0）进行修正的结果。安全生产基础管理动态修正系数（B_S）对单元初始高危安全风险值（R_0）进行修正。特殊时期指标、高危风险物联网指标和自然环境指标对单元风险等级进行调档。

单元现实风险（R_N）为：

$$R_N = R_0 B_S$$

式中　R_N——单元现实风险；

R_0——单元初始高危安全风险值；

B_S——安全生产基础管理动态修正系数。

第三节　风险聚合

一、企业整体风险

企业整体风险由企业内单元现实风险最大值 $\max(R_{Ni})$ 确定，企业整体风险等级按照表 5-10 的标准进行风险等级划分。

$$企业整体风险 = \max(R_{Ni})$$

二、区域风险

由于内梅罗指数法的优点是数学过程简捷、运算方便、物理概念清晰，并且该法特别考虑了最严重的因子影响，内梅罗指数法在加权过程中避免了加权系数中主观因素的影响[9]。为了便于风险分级标准统一化，区域风险值同样采用内梅罗指数法计算。

（一）县（区）级风险（R_C）

根据各企业整体综合风险（R_i），从中找出最大风险值 $\max(R_i)$ 和平均值 $\mathrm{ave}(R_i)$，按照内梅罗指数的基本计算公式，县（区）级风险（R_C）为：

$$R_C = \sqrt{\frac{\max(R_i)^2 + \mathrm{ave}(R_i)^2}{2}}$$

式中　R_C——县（区）级区域风险值；

R_i——县（区）级区域内第 i 个企业的整体风险值；

$\max(R_i)$——区域内企业整体风险值中最大者；

$\mathrm{ave}(R_i)$——区域内企业整体风险值的平均值。

县（区）级风险等级按照表 5-10 的标准进行风险等级划分。

（二）市级风险（R_M）

根据各县（区）级风险（R_C），从中找出最大风险值 $\max(R_{Ci})$ 和平均值 $\mathrm{ave}(R_{Ci})$，按照内梅罗指数的基本计算公式，市级风险（R_M）为：

$$R_M = \sqrt{\frac{\max(R_{Ci})^2 + \mathrm{ave}(R_{Ci})^2}{2}}$$

式中　R_M——市级区域风险值；

R_{Ci}——市级区域内第 i 个县（区）的区域风险值；

$\max(R_{Ci})$——区域内企业整体风险值中最大者；

$\mathrm{ave}(R_{Ci})$——区域内企业整体风险值的平均值。

市级风险（R_M）等级按照表 5-10 的标准进行风险等级划分。

第四节　风险分级

国务院安委办 2016 年 10 月 9 日印发了《关于实施遏制重特大事故工作指南构建安全风险分级管控和隐患排查治理双重预防机制的意见》，文件要求企业科学评定安全风险等级、有效管控区域安全风险。采用科学方法对危险源所伴随的风险进行定量或定性评价，对评价结果进行划分等级。风险等级定为"红、橙、黄、蓝"四级。

红色风险/1 级风险：不可容许的（巨大风险），极其危险，必须立即整改，不能继续作业；

橙色风险/2 级风险：高度危险（重大风险），必须制定措施进行控制管理。公司对重大及以上风险危害因素应重点控制管理；

黄色风险/3 级风险：中度（显著）危险，需要控制整改。公司、部室（车间上级单位）应引起关注；

蓝色风险/4 级风险：轻度（一般）危险，可以接受（或可容许的）。车间、科室应引起关注。

将风险进行分级是对风险评价结果的一种划分，一方面是为后期的风险分级管控提供依据，有利于企业、车间、班组承担相应的职责；另一方面，风险分级是实现风险四色图动态显示的前提，这也是安全风险分级管控信息化、智能化的要求。

一、风险分级原则

风险分级时，应遵循一定的原则，这是保证分级结果能够有参考意义的第一步[10]。主要有以下原则：

（一）风险分级与事故严重度分级对应原则

风险值是事故发生的可能性与严重度的结合。单元风险由固有风险和动态风险组成。因为固有风险为单元的基本风险水平，由高风险物品、高风险工艺、高风险设备、高风险场所、高风险作业决定，更多的是反映风险的严重度属性。所以单元固有风险分级阈值的判定应该与事故严重度分级有相关对应关系。

根据生产安全事故造成的人员伤亡或者直接经济损失，事故一般分为以下等级：

（1）特别重大事故，是指造成 30 人以上死亡，或者 100 人以上重伤（包括急性工业中毒，下同），或者 1 亿元以上直接经济损失的事故；

（2）重大事故，是指造成 10 人以上 30 人以下死亡，或者 50 人以上 100 人以下重伤，或者 5000 万元以上 1 亿元以下直接经济损失的事故；

（3）较大事故，是指造成 3 人以上 10 人以下死亡，或者 10 人以上 50 人以下重伤，或者 1000 万元以上 5000 万元以下直接经济损失的事故；

（4）一般事故，是指造成 3 人以下死亡，或者 10 人以下重伤，或者 1000 万元以下直接经济损失的事故。

因此，在进行单元固有风险分级阈值确定时，原则上单元最高红色风险等级对应着特别重大事故发生的后果，单元橙色风险等级对应着重大事故发生的后果，单元黄色、蓝色风险等级以此类推。

（二） ALARP 原则

安全风险分级的第一准则遵循最低合理可行准则（As Low As Reasonably Practicable，ALARP)[11]。若风险落在不可容忍线以上区域，则为不可接受风险区，须采取必要措施以降低风险；如落在不可容忍线和可忽略线之间区域，则为风险 ALARP 区，可根据具体情况（如成本效益分析）决定是否采取措施降低风险；如落在可忽略线以下，则为风险可忽略区，其风险可被忽略（见图 5-1）。

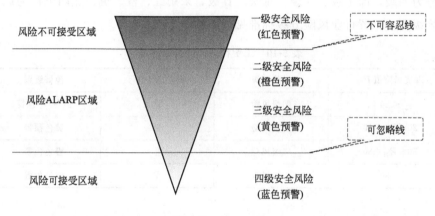

图 5-1　ALARP 原则

（三）差异性原则

风险分级还要遵循差异化原则。一方面，需要允许或认同原始风险值本身差异的存在。因为工贸行业子行业种类多，且品类较复杂，涉及的物质、工艺、作业等都不尽相同，因此，这就决定了原始的风险值的差异性。另一方面，在进行风险级别阈值本身确定的时候，允许差异性。风险分级的阈值在计算选取的时候，不是由一种单一算法得出来的具体值，可能进行了相应的取整、四舍五入或者类似的模糊粗糙算法。

（四）可比性原则

风险分级的可比性原则主要体现在三个方面：

（1）同一企业在不同状态、不同情境下所对应的风险级别可粗略对比，尤其是极端工况或事故情境下的对比；

（2）同一企业的不同车间之间所处的风险级别可以横向对比，比如涉氨企业的制冷车间所处的风险级别与加工单元的风险级别；

（3）不同企业之间所处的风险级别具有可比性，比如冶金行业的风险级别与纺织行业的风险级别。

二、风险分级标准

通过将单元现实风险计算模型在工贸行业的试算应用，将单元的现实风险划分为四级，即Ⅰ级、Ⅱ级、Ⅲ级、Ⅳ级，采用红、橙、黄、蓝四色作为风险预警级别。工贸行业风险分级标准见表 5-10。

表 5-10　工贸行业风险分级标准

现实风险值 R_N	风险等级	风险等级符号	预警级别
<20	四级风险	Ⅳ	蓝色/不预警
$20 \leqslant R_N < 50$	三级风险	Ⅲ	黄色预警
$50 \leqslant R_N < 80$	二级风险	Ⅱ	橙色预警
≥80	一级风险	Ⅰ	红色预警

参考文献

[1] 徐克，陈先锋.基于重特大事故预防的"五高"风险管控体系[J].武汉理工大学学报(信息与管理工程版)，2017，39(06): 649-653.

[2] 王先华，夏水国，王彪.企业重大风险辨识评估技术与管控体系研究[A].中国金属学会冶金安全与健康分会.2019 年中国金属学会冶金安全与健康年会论文集[C].中国金属学会冶金安全与健康分会:中国金属学会，2019:3.

[3] 叶义成.非煤矿山重特大风险管控[A].中国金属学会冶金安全与健康分会.2019 中国金属学会冶金安全与健康年会论文集[C].中国金属学会冶金安全与健康分会:中国金属学会，2019:6.

[4] 王先华，吕先昌，秦吉.安全控制论的理论基础和应用[J].工业安全与防尘，1996，1.

[5] 王彪，刘见，徐厚友，等.工业企业动态安全风险评估模型在某炼钢厂安全风险管控中的应用[J].工业安全与环保，2020，4.

[6] 宋思雨，徐克，尚迪，等.基于 Haddon 矩阵和 ISM 的人员密集场所踩踏事故风险分析[J].安全与环境工程，2019，26(5):150-155.

[7] 徐厚友，周琪，王彪，等.论钢铁企业集中操控之后的安全新挑战及对策防护措施[J].工业安全与

环保，47(7):82-85.

[8] 张贝，徐克，赵云胜，等.危险化学品罐车泄漏事故伤害后果研究[J].安全与环境工程，2019，26 (6):128-136.

[9] 马洪舟.烟花爆竹生产企业爆炸事故风险评估及控制研究[D].武汉:中南财经政法大学，2020，5

[10] Baybutt P. The ALARP principle in process safety[J]. Process Safety Progress, 2014, 33(1): 36-40.

[11] 王先华.安全控制论原理在安全生产风险管控方面应用探讨[C]//中国金属学会冶金安全与健康分会.2016' 中国金属学会冶金安全与健康分会学术年会论文集.武汉，2016:26-32.

第六章　　工贸行业重点专项领域风险
辨识评估模型应用分析

第一节　涉氨制冷重点专项领域单元

一、涉氨制冷系统事故分析

（一）历史事故统计资料

本节选择 2010—2020 年国内涉氨事故进行统计研究，案例来源于中国化学品安全协会、应急管理部等网站。共搜集筛选 81 起事故样本，统计分析结果见表 6-1。

表 6-1　事故统计

项目 ＼ 年份/年	2010	2011	2012	2013	2014	2015	2016	2017	2018	2019	2020	总数
事故起数/起	3	3	13	16	8	8	15	6	5	3	1	81
死亡人数/人	4	4	8	153	4		5	0	1	5	2	189
受伤人数/人	137	4	519	190	70	31	112	1	9	8	0	1080
总伤亡人数/人	141	8	527	343	74	34	117	1	10	13	3	1270

2020—2020 年共发生涉氨事故 81 起，事故起数在时间上的分布规律如图 6-1 所示。其中，2013 年涉氨事故起数最多，达到了 16 起，占到了总事故起数的 1/5。2010 年和 2011 年涉氨事故次数最少。整体上事故起数呈现波动趋势，2013 年上海和吉林事故发生后，国家开展了涉氨制冷领域专项整治行动，对涉氨事故的防范和发生有明显的遏制作用，2014 年和 2015 年事故起数明显下降，但是 2016 年事故起数又呈现上升趋势。2016 年国家出台遏制工贸行业重特大事故的通知，事故起数在 2017 年后又出现明显的下降趋势。整体上，涉氨事故起数呈现波动趋势。

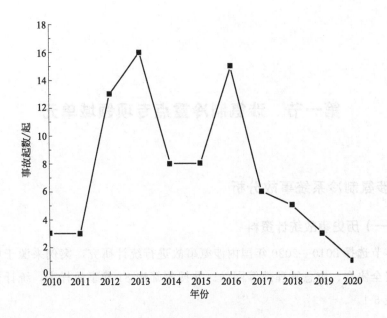

图 6-1　涉氨事故起数分布

从事故伤亡人数来看，2013 年事故死亡人数最多，如图 6-2 所示。涉氨事故死亡人数在年份上呈现单峰分布，2013 年死亡人数最多，达到了 153 人。其他年份事故死亡人数分布比较均匀，都在 10 人以下。但是值得注意的是，总的伤亡人数也是呈现单峰分布，如图 6-3 所示。其中，2012 年和 2013 年涉氨事故伤亡人数较多，2010 年和 2016 年次之。2012 年事故死亡人数虽然远不及 2013 年的事故死亡人数，但是 2012 年的受伤人数占近十年涉氨事故的受伤人数一半，且 2012 年总的伤亡人数比 2013 年要高。此外，从每一年总的伤亡人数来看，2010、2012、2013、2016 年伤亡人数超过 100 人。2017 年虽有 6 起涉氨事故，但是事故的伤亡人数较小，仅有 1 人受伤。从事故起数和事故伤亡人数来看，事故起数和事故伤亡人数没有必然的关系，但是每一次涉氨事故都有极大的概率造成重大伤亡事故。

从涉氨事故发生部位来看，主要分为生产设备事故、储存设备事故、运输设备事故。基于现有事故样本统计，涉氨事故发生部位结果如图 6-4 所示。涉氨事故发生部位主要为生产设备和储存设备。生产设备主要是各工艺设备、管道，而储存设备主要指储罐、钢瓶等。

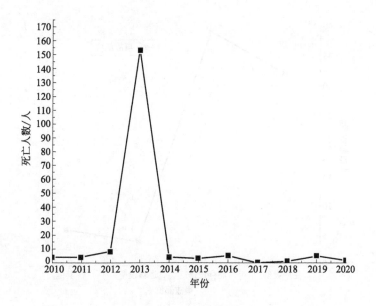

图 6-2　事故死亡人数分布

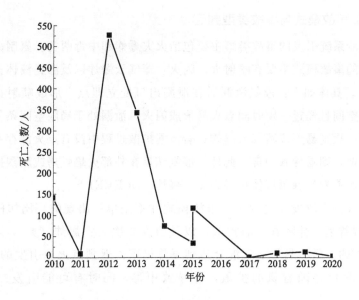

图 6-3　事故伤亡人数

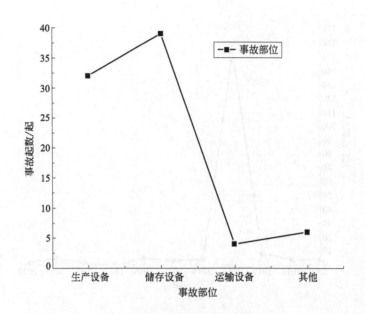

图 6-4 事故发生部位

（二）事故模式与事故类型判定

氨制冷系统引发的事故类型主要包括火灾爆炸和中毒两类。氨制冷系统的火灾爆炸的事故模式主要有喷射火、闪火、蒸气云爆炸以及沸腾液体扩展为蒸气爆炸[3]。具体如下：液氨泄漏后在泄漏出口处立即点火形成喷射火；泄漏处于开放空间且经过一定时间点火易形成闪火；泄漏处于局限空间条件且经过一定时间点火则易形成蒸气云爆炸；若泄漏扩散过程中没有点火源存在单纯在大气中扩散，则易导致中毒。此外，液氨储罐在外部火焰烘烤或剧烈撞击的情况下，还可能发生沸腾液体扩展为蒸气爆炸（BLEVE）[4]。

在实际的事故发生过程中，事故模式并不是单一出现的，比如储罐发生BLEVE爆炸后，伴随着氨的扩散，以及引发二次火灾爆炸（如VCE、闪火等）；同样的，氨泄漏与空气混合达到爆炸极限，遇到点火源引发的VCE爆炸，此过程也伴随着氨的扩散，易导致中毒，同时有可能引发二次火灾爆炸[5]。

通常情况下，闪火与VCE的发生条件几乎相同（延迟点火），但是VCE所释放的能量远大于后者；喷射火与BLEVE的发生条件几乎相同（立即点火），但是 BLEVE 所释放的能力远大于喷射火。同时考虑到，闪火与喷射火模型适合预测伤害范围较小的罐区部分，而蒸气云 VCE 模型和 BLEVE 模型，适合更大范围内的预测。另外，根据既往事故资料，氨气扩散导致人员中毒的伤害范围和影响程度较大。基于以上分析，在考虑氨制冷系统导致的事故时，主要考虑火灾爆炸和中毒两类事故，VCE、BLEVE、扩散三种事故伤害模式[6]。

蒸气云爆炸（VCE）：易挥发的液体燃料的大量泄漏、与周围空气混合，形成覆盖很大范围的可燃气体混合物，在点火能量作用下而产生的爆炸（可燃蒸气云点燃后若火焰速度加速到足够高并产生显著的超压，则形成蒸气云爆炸，因此通常非开放空间易形成蒸气云爆炸）。

闪火（FLASH FIRE）：气体或易挥发的液体燃料的大量泄漏、与周围空气混合，形成覆盖很大范围的可燃气体混合物即可燃蒸气云，可燃蒸气云点燃后未产生显著超压，则只是产生闪火，是蒸气云的非爆炸性突然燃烧。

沸腾液体扩展为蒸气爆炸（BLEVE）：装有液化气的容器当处于火焰环境下，受到撞击或机械失效等状态时，容器突然破裂，压力平衡破坏，液化气体急剧气化，大量气化的可燃气体释放出来，并随即被火焰点燃，发生剧烈燃烧，产生巨大火球，形成强烈热辐射。

喷射火（JET FIRE）：加压的可燃物质泄漏时形成射流，在泄漏口处被立即点燃，由此形成喷射火。

二、涉氨制冷系统工艺简介

（一）氨的性质

液氨为液化状态的氨气，又称为无水氨，是一种无色液体，具有腐蚀性，且容易挥发。它是气态氨加压到 0.7～0.8MPa 时形成的，同时放出大量的热。相反，液态氨蒸发时要吸收大量的热，由于其良好的热力学性能，液氨作为制冷剂被广泛用于制冷系统。

依据《特别管控危险化学品目录》，氨属于有毒化学品。

依据《建筑设计防火规范》（GB 50016—2014），液氨的火灾危险性分类应定性为乙类第 2 项。

液氨蒸发温度是 $-33.5℃$，一旦泄漏在室外条件下可迅速形成气态氨气；有燃烧爆炸危险（氨气爆炸极限为 $15.7\%\sim27.4\%$）。氨气与空气或氧气混合能形成爆炸性混合物，遇明火、高热能引起燃烧爆炸；与氟、氯等接触会发生剧烈的化学反应；若遇高热，容器内压力增大，有开裂和爆炸的危险。氨气能侵袭湿皮肤、黏膜和眼睛，可引起严重咳嗽、支气管痉挛、急性肺水肿，甚至会造成失明和窒息死亡。

氨的理化性质及危险特性如表 6-2 所示。

表 6-2　氨的理化性质及危险特性

标识	英文名：ammonia		危险性类别：第 2.3 类有毒气体	
	分子式：NH_3		CAS 号：7664-41-7	
	相对分子质量：17.03		国标编号：23003	
理化性质	外观与性状	无色、有刺激性恶臭的气体		
	熔点	$-77.7℃$	相对密度（水＝1）	0.82（$-79℃$）
	沸点	$-33.5℃$	相对蒸气密度（空气＝1）	0.59
	饱和蒸汽压	506.62kPa（4.7℃）	溶解性	易溶于水、乙醇、乙醚
	主要用途	用作制冷剂及制取铵盐和氮肥		
健康危害	侵入途径	吸入		
	健康危害	低浓度氨对黏膜有刺激作用，高浓度可造成组织溶解坏死		
燃烧爆炸危险特性	危险特性	与空气混合能形成爆炸性混合物。遇明火、高热能引起爆炸。与氟、氯等接触会发生剧烈化学反应。遇高热，容器内压增大，有开裂和爆炸的危险		
	燃烧（分解）产物	氧化氮、氨		
	灭火方法	消防人员必须穿戴全身防火防毒服。切断气源。若不能立即切断气源，则不允许熄灭正在燃烧的气体。喷水冷却容器，可能的话将容器从火场移至空旷处。灭火剂：雾状水、抗溶性泡沫、二氧化碳、砂土		

（二）制冷原理与工艺过程

氨制冷是由制冷压缩机、冷凝器、节流阀和蒸发器等设备、阀件通过管道连接形成的一个密闭的制冷循环系统。首先液氨在蒸发器中与制冷对象发生热量交换，吸收了制冷对象的热量，蒸发转化为低温低压的氨蒸气；这些低温低压的氨蒸气再被压缩机，压缩成高温高压的过热蒸气；而后进入冷凝器，在冷凝器中，高温氨蒸气将温度传给温度较低的冷却水，同时在其高压力下，常温的氨蒸气也能够冷凝成液氨状态；随后通过节流阀的作用，将高压液氨转变为低温低压液氨，再将其引入蒸发器进行下一次蒸发吸热。如此即完成一个制冷循环，重复完成这样的制冷循环就达到了制冷效果（见图 6-5）。

　　总的来说，液氨制冷循环包括四个基本阶段，即蒸发阶段、压缩阶段、冷凝阶段以及节流阶段。

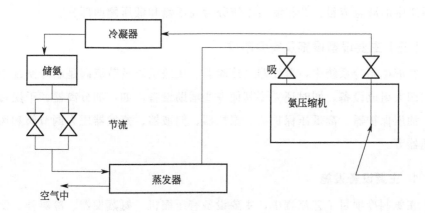

图 6-5　氨制冷原理简图

1. 蒸发阶段

　　此过程中主要涉及的设备是蒸发器及部分辅助设备。蒸发器就是低温低压液氨与制冷对象进行热交换的场所，低温低压液氨吸收制冷对象的热量，蒸发形成氨蒸气。蒸发器是制冷过程中向外输送冷量的设备。

2. 压缩阶段

　　此过程中主要涉及的设备是压缩机及部分辅助设备。压缩机的作用是将低压气体转变为高压气体，同时为制冷系统的循环提供动力。低温低压的制冷剂气体从吸气管进入气体压缩机，在电机带动的活塞压缩作用下，转变为高温高压制冷剂气体，再由排气管排出。

3. 冷凝阶段

　　此过程中主要涉及的设备是冷凝器及部分辅助设备。冷凝器作用是把经压缩机排出的高温高压氨蒸气通过与冷却水进行热量交换，冷凝为高压常温液氨。冷凝器是制冷系统过程中向外放出热量的设备。

4. 节流阶段

此过程中主要涉及的设备是节流阀及部分辅助设备，节流阀的作用是将冷凝器冷凝的高压常温液氨节流降压，转化成低温低压的液氨，达到符合进入蒸发器的要求，再将其引入蒸发器进行下一次蒸发吸热。同时调节和控制整个制冷系统中的液氨流量，并将制冷系统分为高压侧和低压侧两部分。

（三）主要设备设施及安全附件

在液氨制冷系统中，蒸发器、冷凝器、压缩机以及节流阀是制冷系统中必备的四大组成设备，同时还需要其他一些辅助设备，如：油分离器、干燥过滤器、油压保护器、高低压保护器、温控器、储液器、蒸发器压力调节阀和风扇调速器等。

1. 主要设备设施

在氨制冷项目工艺流程中，主要设备有压缩机、氨蒸发器、冷凝器、氨储罐、氨油分离器、冷箱、氨液分离器、分离器。

（1）压缩机。其作用是将从氨蒸发器流出的低压氨蒸气吸入并压缩，使氨气压力提高到冷凝压力（1.4 MPa），温度提高到冷凝温度（140~150℃）；

（2）氨蒸发器。作用是使天然气通过其中时温度下降，天然气中的轻质油和水凝析出来。其中的液态氨吸收天然气的热量被气化。设备为列管换热器，天然气在管程流动（降温），氨液在壳程蒸发吸热。

（3）冷凝器。列管式换热器，氨气在壳程（被管程流动的冷却水降温），冷凝水在管程流动（氨气转化为液态氨）。作用是使压缩后的氨气由气态冷凝成液态氨。

（4）氨储罐。卧壳式密闭钢罐，里面储存氨液，为蒸发器提供液氨。

（5）氨油分离器。与普通分离相同，体积较小，作用是分离出从自氨压缩机排出的氨气中携带的润滑油。

（6）冷箱。结构为板翅式换热器，材料为导热性能高的铝金属。用于供气与输气之间的热交换。

（7）氨液分离器。立式管型喷淋壳体。将从氨蒸发器流出的氨气携带的液氨分离出去，再次进入到氨蒸发器中；将氨气输送到氨压缩机。

（8）分离器。大部分为油田普遍使用的重力立式油气分离器。其作用是分离天然气降温后冷凝下来的油水、天然气。

2. 主要安全附件

在氨制冷项目工艺流程中，主要的安全附件有弹簧式安全阀、止逆阀（单向阀）、泄压管。

（1）弹簧式安全阀。氨压缩机和制冷设备上的安全阀，每年应由有资质的检验部门校验一次，并铅封。安全阀每开启一次，须重新校正，达不到要求时，须及时更换。当制冷系统中的压力超过安全值时安全阀自动打开，把高压制冷剂直接排放到大气或低压侧，以保护重要设备及人员的安全。

（2）止逆阀（单向阀）。活塞式压缩机排出口处应设止逆阀，螺杆式制冷压缩机吸气管处应增设止逆阀，制冷剂泵的排液管上应装设止逆阀。

止逆阀又称单向阀，顾名思义就是指氨气（压缩机排气）或氨液（氨泵出液）只能向一个方向（排气或出液方向）排出，不能倒流，防止液氨事故的发生，这就是止逆阀作用。当压缩机出现漏氨事故时，止逆阀可以防止高压系统的氨泄漏，可以大大减少氨的泄漏量。

（3）泄压管。安全阀应设置泄压管。氨制冷系统的安全总泄压管出口应高于周围 50m 内最高建筑物（冷库除外）的屋脊 5m，并应采取防止雷击、防止雨水、杂物落入泄压管内的措施。

3. 主要安全装置

在氨制冷项目工艺流程中，主要的防护装置有氨气浓度检测及报警装置、风机故障报警装置、紧急泄氨器、通风装置、风向标、防火堤与液氨罐区围堰、水喷淋系统、洗眼器与淋洗器等。

（1）氨气浓度检测及报警装置。在液氨使用场所，（包括液氨储罐区、压缩机房、氨蒸发器、氨冷却器）、液氨钢瓶储存区、钢瓶使用区和使用液氨的厂房均应设置可燃气体检测报警仪，并将信号接至控制室（操作间）。

当空气中氨气浓度达到 100×10^{-6} 或 150×10^{-6} 时，应自动发出报警信号，并应自动开启制冷机房内的事故排风机。氨气浓度传感器应安装在氨制冷机组及储氨容器上方的机房顶板上。

（2）风机故障报警装置。氨制冷机房应设事故排风机，在控制室排风机控制柜上和制冷机房门外墙上应安装人工启停控制按钮。事故排风机应按二级负荷供电。

（3）紧急泄氨器。大型冷库氨压缩机房储氨器处稀释漏氨排水及紧急泄氨器排水应单独排出，并在排入库区排水管网前应设有隔断措施，并配备有事故水池，提升水泵。事故水池内稀释漏氨排水及紧急泄氨器排水应经处理达标后排入市政排水管网或沟渠。

（4）通风装置。制冷机房日常运行时应保持通风良好，通风量应通过计算确定，通风换气次数应不小于 3 次/h。当自然通风无法满足要求时应设置日常排风装置。氨制冷机房应设置事故排风装置，事故排风量应按 $183m^3/(m^2 \cdot h)$ 进行计算确定，且最小排风量不应小于 $34000m^3/h$。氨制冷机房的事故排风机必须选用防爆型，排风口口位于侧墙高处或屋顶。

（5）风向标。在库区显著位置应设置风向标。涉氨制冷企业内必须安设风向标，其位置应设在本厂职工和附近范围（500m）内居民容易看到的高处。

（6）防火堤与液氨罐区围堰。液氨储罐或储罐组，其四周应设置不燃烧封闭体防火堤。当采取了防止液体流散的设施时，可以不设防火堤。

（7）水喷淋系统。在机房储氨罐，大型冷库及相关重点部位上方宜设置水喷淋保护系统，当发生泄漏时，打开喷头稀释事故漏氨。并选用开式喷头，开式喷头保护面积按储氨器占地面积确定。开式喷头的水源可由库区消防给水系统供给，操作均可为手动。现在最先进的方法是氨气自动报警与水幕联动，库内液氨一旦泄漏，（达到设定浓度）报警仪联动发出信号，水喷淋（水幕）自动打开稀释事故漏氨，防止液氨外泄。

（8）洗眼器、淋洗器。具有化学灼伤危险的作业区，应设计必要的洗眼器、淋洗器等安全防护措施，并设救护箱。工作人员配备必要的个体防护用品。

（四）日常安全运行与监管

1. 日常安全检查

（1）特种设备管理及安全附件管理。加强特种设备及安全附件的定期检验，确保合格使用；同时做好日常维护和检查。

对特种设备管理人员、操作人员进行安全技术培训，取得特种设备管理、操作的资格。

健全特种设备的技术档案和管理、操作人员档案。

（2）现场安全巡回检查制度。应包括现场巡回检查时间（至少每 1 小时检查 1 次）、路线、重点部位（液氨储罐、氨压缩机等）、各级责任制等。发现大量泄漏，应消除周围的明火，疏散无关人员，用大量雾状水吸收氨，防止中毒和次生火灾。

操作人员要定时巡查储槽液面、温度、压力变化情况以及有无泄漏现象，发现问题及时处理和上报。

（3）压力容器的外部检验。氨液对压力容器及管道内部的腐蚀性很小，可认为中短期基本无腐蚀，受腐蚀的主要是压力容器及管道的外表面。

高压部分的压力容器，企业都应对其外部进行维护（如刷一层防锈油漆）。

中压、低压部分的压力容器应使其外表具备较好绝缘，并有绝缘层与空气隔绝，且表面腐蚀性也不应严重。

氨制冷系统泄漏的重点防范部位是回气管，对于使用年限较长的回气管道，随着绝缘层的老化或脱落，当外界空气不断渗入内部与钢材接触时，应关注其腐蚀性的严重程度而进行必要的更新。

冷凝器之前的排气管段，由于高温潮湿，容易腐蚀，也是需要重点防范的部位。

（4）检查安全监测仪表。对冷库制冷系统上在用的各类安全监测仪表进行校验和检查。如压力表、真空压力表、温度计、液位计、安全阀、压差控制器等，都应在相关专业技术人员的配合下，认真作好检验和维护工作。

压力表、真空压力表、温度计、安全阀都应每年送当地有资质的检验部门进行校验 1 次，以确保此类安全监测仪表对制冷系统安全正常工作的监护作用。

（5）检查冷库建筑物。对冷库建筑物进行宏观检查。如冷库建筑物主体沉降的情况；冷库地坪防冻设施运转工作状况；冷库隔热层表面状况，有无开裂、沉降、是否有鼠洞、结霜、滴水跑冷现象；冷库冻结间、快速预冷间结构主体的建筑材料冻融循环破损状况；冷间电线、电缆穿越冷库隔热层处有无异常状况；冷库防雷接地设施的性能状况，都应逐一加以检查，并作好记录。发现不安全因素及时向企业法人报告。

（6）检查各类消防器材、救护用品。各类消防器材、救护用品可用性，每年要进行一次全面检查，及时更新失效的消防器材及救护用器，以使这类用品随时都处于良好备用状态。

泄漏抢救时必需的个人防护用品，包括防毒面具、防护服（抗氨服）、氧气呼吸器、防护眼镜、防护手套等防护用品和抢救药品。

泄漏抢救时需要的工具和专门堵漏工具应齐备、完好，尤其是要设置急救药箱。

安全抢救设备及防护用品必须放置在发生事故时容易取得的位置。应该设置有专门的橱柜存放。

（7）维护和检修的安全操作。应认真落实设备管道检修、充氨等安全操作规程。如：严禁在有氨、未抽空、未与大气接通的情况下焊接管道或设备、拆卸机器或设备的附件、阀门。

检修制冷设备时，须在其电源开关上挂上工作牌，检修完毕后，由检修人员亲自摘下并做好验收关工作。

（8）员工培训教育（尤其是特种作业）。操作人员不仅需要掌握一般制冷系统的原理知识，还需要对实际操作的制冷系统进行技术培训，定期进行考核。

从事液氨使用岗位的新工人，除经过三级安全教育外，还必须经过岗位培训，学习岗位安全操作规程、生产原理、安全生产要点（包括熟悉预防事故和发生不正常情况时的紧急处理方法，以及发生事故的自身防护、抢救知识等），经有关部门考试合格后，持证上岗。

2. 日常监控与监管

（1）检测监控系统。涉氨制冷企业构成重大危险源的应按《重大危险源的监控管理》的要求，建立在线安全监控和事故预警系统。系统包括以下内容：液氨使用场所关键操作参数安全监控；液氨使用场所周边环境浓度变化监控与事故预警；现场设施风险评价与管理平台；基于事故影响范围和级别科学估计的企业应急救援系统；检测监控系统。涉氨制冷企业应建立日常安全监控管理体系，以保证国家、行业有关标准、规范、法律、法规得到有效的执行。

（2）日常监控。操作人员要定时巡查储槽液面、温度、压力变化情况以及有无泄漏现象，发现问题及时处理和上报。要确保安全运行；要保证库房温度；要尽量降低冷凝压力（表压力最高不超过1.5MPa）；要充分发挥制冷设备的制冷效率，努力降低水、电、油、制冷剂的消耗。

① 必须保证氨压缩机房和液氨储罐区等重要部位24h有人值守。应建立

正规的氨压缩机及附属设备运行巡检记录。

② 岗位操作人员应认真、熟练、安全地按操作规程进行操作。注意每个参数的变化，发现问题及时正确处理。

③ 操作岗位设有可靠的通信设施。便于及时与上级部门沟通情况。

(3) 环境浓度监测

液氨储罐间和氨压缩机房应定期检测氨气浓度，发现问题及时通知有关人员及时处理。以保证工作场所氨气浓度符合车间卫生标准的要求，并应建立检测记录。

3. 防护与救援

(1) 应急救援器材及劳动防护用品。室内应配备一定数量的灭火器材，库区及氨压缩机房和设备间（靠近储氨器处）门外应设室外消火栓。大型冷库的氨压缩机房对外进出口处应设置室内消火栓并配置开花水枪。所有应急设施应统一集中管理，有专人负责，要保证紧急状态下，能够完好使用。

涉氨制冷企业，操作岗位必须配备足够数量的劳动防护用品，并定期检查、更换，以防失效，应规范安全防护用品管理。对国家明确规定更换日期的滤毒罐、防毒面具等防护用品，需在发放台账中明确注明领用日期、生产日期及更换日期。

① 一般个体防护用品有：工作服、短棉大衣、工作帽、毛巾、口罩、手套、肥皂、防护鞋、雨衣、雨靴等。

② 特种个体防护用品有：防化服、空气呼吸器、防化靴；防氨专用防毒面具、滤毒罐、耐酸碱手套、防护手套、防护耳罩、防噪声耳塞等。

③ 抢救药品：橡皮膏、绷带、柠檬酸水或硼酸水等。

(2) 应急救援预案及演练。涉氨制冷企业应根据《生产安全事故应急预案管理办法》的要求，编制切实可行的防止液氨泄漏、中毒、爆炸的专项预案和现场处置方案，配备应急救援人员和必要的应急救援器材、设备，安全预防措施和紧急救护方法等；并定期组织演练，平日加强抢险人员对防护器材的使用训练，并保证防护抢险器材的日常维护保养。

涉氨制冷企业应设置事故警报系统，一旦发生紧急情况，向周边 500m 内的居民发出报警。通过该系统能及时向企业内部和周边群众进行紧急疏散，避免大量人员伤亡。

三、涉氨制冷单元"5+1+N"风险评估指标体系

基于涉氨制冷单元的基本工艺特征，结合典型事故案例的研究以及事故模式的分析，遵循科学性、可操作性的原则，探究并确定涉氨制冷单元风险影响因素，最终形成工贸行业涉氨制冷单元的"5＋1＋N"风险评估指标体系。"5＋1＋N"风险评估指标体系包括以高风险物质、高风险设备、高风险工艺、高风险作业、高风险场所为风险因子的固有风险指标体系（5）、以安全管理水平为要素的管控指标（1）、以高危风险监测监控指标、事故隐患动态数据、特殊时期数据、物联网数据、自然环境数据为要素的动态风险指标体系（N）。

（一）涉氨制冷单元固有风险指标体系"5"

固有风险指标体系包括表征设备风险因子的设备本质安全化水平，表征物质因子的物质危险性、表征工艺风险因子的监测监控设施完好率水平，表征场所风险因子的人员风险暴露指数，表征作业风险因子的高风险作业种类。

涉氨单元生产装置中储存的氨的量，是事故的能量来源，属于高风险物品；涉氨制冷单元有整套的制冷系统，包括压缩机、冷凝器、蒸发器、储罐、管道等设备设施，生产过程有压力的循环变化，属于高风险设备；涉氨单元的工艺监测装置（如压力表、液位计、氨气浓度检测仪等）的完好性反映了企业对关键指标控制的可靠性，此为高风险工艺；涉氨单元有制冷与空调作业、压力管道的巡护维检、固定式压力容器操作等作业，作业的合规性某种程度上影响着事故发生的概率和严重度，因此属于高风险作业；厂区及其附近的人员暴露的程度，决定了事故发生可能导致的人员伤亡后果，属于高风险场所；

涉氨制冷单元以火灾爆炸和中毒事故居多，将此两类事故作为该单元的典型事故风险点。由于两类事故风险点，属于同一套生产装置，仅是在高风险场所时，人员暴露指数存在差异，涉及的其他类别的固有风险指标差异性不大。固有风险要素及指标体系详见表6-3。

（二）涉氨制冷单元风险管控指标"1"

涉氨单元安全风险管控指标指涉氨制冷企业的安全生产标准化等级。安全生产标准化是企业安全管控水平的重要衡量。《企业安全生产标准化基本规范》（GB/T 33000）指出企业应根据自身安全生产实际，从目标职责、制度化管理、教育培训、现场管理、安全风险管控及隐患排查治理、应急管理、事故管理、持续改进8个要素内容实施标准化管理。

表 6-3　涉氨制冷单元"五高"风险清单

单元	风险点	风险因子	要素	描述	特征值		依据
涉氨制冷单元	火灾爆炸事故风险点	高风险设备	氨制冷系统	本质安全化水平	危险隔离（替代）		GB28009《冷库安全规程》GB50072《冷库设计规范》AQ7015《氨制冷企业安全规范》
					故障安全	失误安全	
						失误风险	
					故障风险	失误安全	
						失误风险	
		高风险工艺	监测监控系统	监测设施完好水平	压力监测	失效率	AQ7015《氨制冷企业安全规范》
					浓度监测		
					液位监测		
					流量监测		
		高风险场所	库区	人员风险暴露	场所人员暴露指数		GB18218《危险化学品重大危险源辨识》
		高风险物品	氨	物质危险性	物质危险性系数		GB18218《危险化学品重大危险源辨识》
		高风险作业	危险作业	高风险作业种类数	融霜作业		《特种作业人员安全技术培训考核管理规定》《特种设备安全法》《特种设备目录》
			特种设备操作		常规设备检维修作业		
					压力管道巡检维护		
					固定式压力容器操作		
					安全附件维修作业		
			特种作业		制冷与空调作业		
	中毒事故风险点	高风险设备	氨制冷系统	本质安全化水平	危险隔离（替代）		GB28009《冷库安全规程》GB50072《冷库设计规范》AQ7015《氨制冷企业安全规范》
					故障安全	失误安全	
						失误风险	
					故障风险	失误安全	
						失误风险	
		高风险工艺	监测监控系统	监测设施完好水平	压力监测	失效率	AQ7015《氨制冷企业安全规范》
					浓度监测		
					液位监测		
					流量监测		
		高风险场所	库区及周边区域	人员风险暴露	场所人员暴露指数		GB18218《危险化学品重大危险源辨识》
		高风险物品	氨	物质危险性	物质危险性系数		GB18218《危险化学品重大危险源辨识》
		高风险作业	危险作业	高风险作业种类数	融霜作业		《特种作业人员安全技术培训考核管理规定》《特种设备安全法》《特种设备目录》
			特种设备操作		常规设备检维修作业		
					压力管道巡检维护		
					固定式压力容器操作		
					安全附件维修作业		
			特种作业		制冷与空调作业		

（三）涉氨制冷单元动态风险指标体系"N"

涉氨制冷单元的固有风险指标体系包括：以关键监测数据为依托的高危风险监测特征指标、以隐患排查治理系统数据为依托的一般事故隐患、重大事故隐患动态指标、以物联网大数据为依托的物联网动态指标、以特殊时期数据为依托的特殊时期动态指标、以气象数据为依托的自然环境动态指标，以此建立涉氨制冷单元动态风险指标体系"N"。

高危风险监测特征指标主要依据企业安装的监测监控在线系统（DCS控制系统）监测的关键指标，如压力、液位、流量、浓度等；事故隐患动态指标包含隐患排查治理系统的一般事故隐患和重大事故隐患；特殊时期指标如国家或地方重要活动、法定节假日；大数据物联网指标指同类型事故事故、同时期事故高发时期等；自然环境指标指气象、地质灾害等。涉氨单元动态风险指标详见表6-4。

表6-4　涉氨单元动态风险指标清单

单元	风险因子	要素	指标描述	特征指标	阈值	依据
涉氨制冷单元	高危风险监测特征	监测监控系统（DCS控制系统、监测值或报警级别）	工艺监测指标	制冷机组上方浓度监测	100×10^{-6}ml/m³、150×10^{-6}ml/m³、200×10^{-6}ml/m³	GB28009《冷库安全规程》、AQ7015《氨制冷企业安全规范》、GB50072《冷库设计规范》、《压力容器安全技术监察规程》
				氨泵上方浓度监测	100×10^{-6}ml/m³、150×10^{-6}ml/m³、200×10^{-6}ml/m³	
				储氨器上方的浓度监测	100×10^{-6}ml/m³、150×10^{-6}ml/m³、200×10^{-6}ml/m³	
				冷凝器压力报警装置	2次、3次、4次报警	
				压力容器压力监测	正常工作压力1、1.2、1.5倍数	
				液氨储罐压力监测	0.6MPa、1.0MPa、2.0MPa	
				加氨站集管压力监测	正常工作压力1、1.2、1.5倍数	
				回气管压力监测	正常工作压力1、1.2、1.5倍数	

续表

单元	风险因子	要素	指标描述		特征指标	阈值	依据
涉氨制冷单元	高危风险监测特征	监测监控系统（DCS控制系统、监测值或报警级别）	工艺监测指标	液位监测	储氨器液位高度监测	径向高度的60%、80%	GB28009《冷库安全规程》、AQ7015《氨制冷企业安全规范》、GB50072《冷库设计规范》、《压力容器安全技术监察规程》
					低压循环桶液位监测	容器的2/3，高液位报警线	
					氨液分离器液位监测	容器的2/3，高液位报警线	
					排液桶的液位监测	容器的2/3，高液位报警线	
					中间冷却器液位监测	设计液位高度	
				温度监测	机房环境温度监测	0℃、15℃、20℃	
					冷凝器温度监测	冷凝温度36℃，进出口温度差5℃	
				流量监测	管道流量监测	0.25m/s	
					气液分离器流量监测	0.5m/s	
	事故隐患数据	隐患排查治理系统	事故隐患动态指标		隐患层级	无、一般、重大	
					隐患整改率	30%、50%、80%	
	物联网大数据	安全生产大数据系统	事故大数据指标		季度相关类型事故发生频次	1次、3次、6次	
					季度相关类型事故级别	特大、重大、较大、一般	
					历史同期事故高发时间段	1月、3月、10月	
	自然环境数据	气象、地质系统	气象指标		温度	黄色、橙色、红色	
					雷电	蓝、黄、橙色、红色	
					暴雨	蓝、黄、橙、红色	
					大风	蓝、黄、橙、红色	
			地质灾害指标		崩塌、滑坡、泥石流	小、中、大、巨型	
					地面沉降	地面沉降速度0、30、50mm/a	
	特殊时期数据	湖北政务网	节假日			双休日、春节、国庆	
			国家、地方重要活动			庆典、两会等政治期	

四、涉氨制冷单元"5+1+N"风险指标量化方法

（一）风险点固有危险指标"5"计量

风险点固有风险指标的计量主要包括高风险物品、高风险设备、高风险工艺、高风险作业以及高风险场所的计量。高风险设备的计量方法是以设备的本质安全化水平来表征，设备本质安全化水平通过设备的固有危险指数来判定；高风险物品的计量方法是以物质的危险系数来表征，采用《危险化学品重大危险源》（GB18218）中重大危险源分级指标的计算方法，计算分级结果，结合已有规则，确定物质危险系数；高风险工艺的计量方法是通过单元内监测监控设施的失效率的平均水平来表征，监测监控设施失效率由仪器仪表公司或现有数据库获得；高风险作业的计量方法是通过单元内存在的作业种类数来确定，包括危险作业的种类、特种设备操作以及特种作业的种类数。具体包括以下方面。

1. 高风险设备设施→高风险设备指数 h_s

高风险设备指数以风险点设备设施本质安全化水平作为赋值依据，表征风险点生产设备设施防止事故发生的技术措施水平。

主要包括：制冷压缩机、储氨器、氨油分离器、冷凝器、集油器、液氨管道、中间冷却器、低压循环储液桶、氨液分离器、蒸发器等设备的综合性的本质安全化水平。

由于整套制冷系统本身就可以独立地作为一个危险源，因此在考虑设备的本质安全化水平时，就不再单独细分下面的子设备，而是把它作为一个整体，整体考虑制冷系统的本质安全化水平。主要是从氨压缩机、循环桶等主要制冷设备的生产、安装以及验收的资质条件、使用情况、泄压管以及止逆阀等安全附件的配备情况，以及氨浓度报警装置等主要防护装置的安装使用情况及客观存在的生产环境布局情况来考虑，每种技术措施的实施情况对应不同的故障类型（见表 6-5）。

2. 高风险物品→物质危险指数（M）

M 值由风险点高风险物品的火灾、爆炸、毒性、能量等特性确定。采用高风险物品的实际存在量与临界量的比值与高风险物品的危险特性修正系数二者的乘积 m 值作为分级指标，根据分级结果确定 M 值。

表6-5　高风险设备固有危险指数关系对照表

设备	故障类型		防止该类型事故的技术措施情况	分值
制冷系统的主要制冷设备、安全附件、防护报警装置的安装、配备、使用情况及所处的客观环境布局情况	危险隔离		制冷系统配备有紧急联锁装置	1.0
	故障安全	失误安全	制冷机组、储氨器没有良好的遮阳设施	1.2
			制冷机组没有良好的通风设施	
			未按规定设置有防护报警装置	
		失误风险	氨浓度报警探测器未安装机房顶板上	1.4
			车间电气装置、电气线路铺设不合理	
			车间未按规定配备消防器材和消防设施	
			氨浓度报警探测器未安装在机房顶板上	
			未按规定配备安全附件	
	故障风险	失误安全	主要安全附件疲劳运行	1.3
			制冷系统未定期维保	
			主要制冷设备疲劳运行	
		失误风险	设备及管道没有相应资质的单位进行生产、安装以及验收	1.7
			储液器充装过量	
			主要制冷设备超寿命周期	
			主要防护装置超使用寿命周期	
			主要安全附件超寿命周期	

氨制冷系统氨的实际存在量由储氨器、压缩机、蒸发器、高压循环桶以及其他相应制冷设备中存有氨的量的总和来计算，一般以企业日常存储的量为依据。

根据《危险化学品重大危险源辨识》（GB 18218—2018），氨的临界量 Q 为10t；校正系数 β 为2。涉氨制冷单元火灾爆炸事故风险点和中毒事故风险点的分级结果 m 计算如下。

$$m = q/5$$

式中　q——制冷系统氨的实际存在量，t。

根据计算出来的 m 值，按表6-6确定风险点高风险物品的级别，确定相应的物质指数 M。

表6-6　风险点高风险物品危险指数 M 取值与 m 值得对应关系表

高风险物品级别	m 值	M 值
一级	$m \geqslant 100$	9
二级	$100 > m \geqslant 50$	7
三级	$50 > m \geqslant 10$	5
四级	$10 > m \geqslant 1$	3
五级	$m < 1$	1

3. 高风险场所→场所人员暴露指数（E）

高风险场所的人员暴露指数主要是根据风险点的暴露人员数量确定的，见表6-7。

涉氨制冷单元的火灾爆炸事故风险点的暴露人员数量包括整个冷库区的作业人员；中毒事故风险点的暴露人员数量包括库区的作业人员以及周边 1km 范围内的人员。

表6-7　风险点暴露人数 P 与场所人员暴露指数 E 取值对照表

暴露人数(P)	E 值	暴露人数(P)	E 值
100 人以上	9	3～9 人	3
30～99 人	7	0～2 人	1
10～29 人	5		

4. 高风险工艺→监测监控设施失效率修正系数 K_1

高风险工艺由监测监控设施失效率的修正系数表征。涉氨制冷单元的高风险工艺通过制冷压缩机、制冷设备以及管道上的压力计、温度计、流量计、氨浓度探测器、液位计等监测设施的失效率的平均水平来计量；

$$K_1 = 1 + l$$

式中　l——监测监控设施失效率的平均值。

5. 高风险作业→高风险作业危险性修正系数 K_2

高风险作业通过高风险作业危险性修正系数来表征。结合高风险作业的种类数，根据下式计算高风险作业危险性修正系数。涉氨制冷单元的火灾爆炸事故风险点和中毒风险点包含融霜作业、常规设备检维修作业、压力管道巡检维护 D_1、固定式压力容器操作 R_1、安全附件维修作业、制冷与空调作业等作业。

$$K_2 = 1 + 0.05t$$

式中　t——风险点涉及高风险作业种类数。

（二）单元安全风险管控指标（1）计量

单元安全风险管控指标指的是企业安全管理水平的表征，通过安全标准化得分率的倒数来衡量，计量后将其作为单元风险管控指标的取值，见下式。安全生产标准化等级划分方法，如表 6-8 所示。

$$G = 100 / v$$

式中　G——最终单元高危风险管控指标取值；

　　　v——初始安全生产标准化分值。

表 6-8　企业安全生产标准化分值及等级

企业安全生产标准化分值 v	企业安全标准化等级	企业安全生产标准化分值 v	企业安全标准化等级
$90 < v \leqslant 100$	一级	$60 < v < 74$	三级
$75 < v < 89$	二级	不达标	四级

（三）单元动态风险指标"N"计量

单元动态风险指标包括高危风险监测特征指标、事故隐患动态指标、特殊时期指标、物联网大数据动态指标、自然环境数据动态指标。单元动态风险指标的计量主要是通过动态风险指标对单元风险等级的扰动和修正程度来表征，不同的动态风险指标由不同的扰动和修正规则。

1. 高危风险监测特征指标→关键监测指标的扰动系数 K_3

高危风险监测特征指标以涉氨制冷单元的压力、液位、流量、浓度等动态安全生产在线监测指标的预警情况作为适时修正指标。

高危风险监测特征指标 K_3 由监测报警等级和风险点固有危险指数 h 共同决定。在线监测指标实时报警分一级报警（低报警）、二级报警（中报警）和三级报警（高报警）。风险点固有危险指数 h 分为四个档次，一档固有危险指数范围为 $0 < h \leqslant 20$，二档固有危险指数范围为 $21 \leqslant h \leqslant 50$，三档固有危险指数范围为 $51 \leqslant h \leqslant 80$，四档固有危险指数范围为 $h \geqslant 81$。高危风险监测特征修正系数取值规则见表 6-9。

表 6-9　监测指标对风险的扰动矩阵

K_3		正常	一级报警	二级报警	三级报警
风险点固有危险指数 h	0～20	1	1	1	1
	21～50	1.2	1.2	1.2	1.5
	51～80	1.5	1.5	1.5	2.5
	81	2.5	2.5	2.5	2.5

2. 事故隐患动态数据的修正规则

事故隐患动态数据主要包括事故隐患等级、事故隐患整改率 2 项指标。

（1）事故隐患等级（I_1）。分为一般隐患和重大隐患。不同等级的隐患的对应分值如表 6-10 所示。

表 6-10　不同等级事故隐患对应分值（b_n）

序号	不同隐患等级（B_n）	对应分值（b_n）
1	重大隐患	1
2	一般隐患	0.1

事故隐患等级 I_1 按下式计算：

$$I_1 = B_1 b_1 + B_2 b_2$$

式中　I_1——隐患等级；

　　　B_1——重大隐患对应数量；

　　　B_2——一般隐患对应数量；

　　　b_1——重大隐患对应分值；

　　　b_2——一般隐患对应分值。

（2）隐患整改率（I_2）。隐患整改率不同，对应分值如表 6-11 所示。

表 6-11　不同隐患整改率对应分值

序号	隐患整改率	对应分值（c_{n_1}，c_{n_2}）
1	等于 100%	0
2	大于或等于 80%，且小于 100%	0.2
3	大于或等于 50%，且小于 80%	0.4
4	大于或等于 30%，且小于 50%	0.6
5	小于 30%	0.8

隐患整改率 I_2 按下式计算：

$$I_2 = B_1 b_1 c_{n_1} + B_2 b_2 c_{n_2}$$

式中　I_2——隐患整改率；

　　　c_{n_1}——重大隐患整改率对应的分值，$n_1 = 1, 2, 3, 4, 5$；

　　　c_{n_2}——一般隐患整改率对应的分值，$n_2 = 1, 2, 3, 4, 5$。

（3）指标权重确定。根据历史安全数据、事故情况等，各指标在安全生产基础管理动态修正系数体系中的相对重要程度，确定各指标对 B_S 的权重赋值（见表 6-12）。

表 6-12　事故隐患各动态指标对应权重 W_n

序号	事故隐患动态指标类型	对应分值 W_n
1	事故隐患等级	0.4
2	事故隐患整改率	0.6

（4）安全生产基础管理动态修正系数（B_S）。通过指标量化值及其指标权重，建立数学模型，得出修正系数（B_S）值。事故隐患动态数据对安全风险产生负向影响。

安全生产基础管理动态修正系数（B_S）对安全生产基础管理状态的生成，根据其指标对安全生产基础管理状态状况的影响，产生正向和负向的系数影响。即有利于事故预防、安全管理的指标项在公式中属于负向的系数，不利于事故预防、安全管理的指标项公式中属于正向的系数。

$$B_s = I_1 W_1 + I_2 W_2$$

式中　B_S——安全生产基础管理动态修正系数；

　　　W_n——各指标所对应的权重，$n = 1, 2$。

3. 物联网大数据的修正规则

物联网大数据对单元风险的风险预警等级进行提降档修正，最高提一档，一段时间后自动降挡。

4. 特殊时期数据的修正规则

特殊时期数据对单元风险的风险预警等级进行提降档修正，最高提一档，一段时间后自动降挡。

5. 自然环境数据的修正规则

自然环境数据对单元风险的风险预警等级进行提降档修正，最高提一档，一段时间后自动降挡。

五、涉氨制冷单元"5+1+N"风险评估模型

（一）风险点固有危险指数（h）

将风险点危险指数 h 定义为：

$$h = h_s MEK_1 K_2$$

式中　h_s——高风险设备指数；

M——物质危险系数；

E——场所人员暴露指数；

K_1——监测监控失效率修正系数；

K_2——高风险作业危险性修正系数。

（二）单元固有危险指数（H）

单元区域内存在若干各风险点，根据安全控制论原理，单元固有危险指数为若干风险点固有危险指数的场所人员暴露指数加权累计值。H 定义如下：

$$H = \sum_{i=1}^{n} h_i (E_i / F)$$

式中　h_i——单元内第 i 个风险点固有危险指数；

E_i——单元内第 i 个风险点场所人员暴露指数；

F——单元内各风险点场所人员暴露指数累计值；

n——单元内风险点数。

（三）风险点固有危险指数动态监测指标修正值（h_d）

高危风险动态监测特征指标报警信号修正系数（K_3）对风险点固有风险指标进行动态修正：

$$h_d = h K_3$$

式中　h_d——风险点固有危险指数动态监测指标修正值；

h——风险点固有危险指数；

K_3——高危风险动态监测特征指标报警信号修正系数。

（四）单元固有危险指数动态修正值（H_D）

单元区域内存在若干各风险点，根据安全控制论原理，单元固有危险指数

动态修正值（H_D）为若干风险点固有危险指数动态监测指标修正值（h_{di}）与场所人员暴露指数加权累计值。H_D 定义如下：

$$H_D = \sum_{i=1}^{n} h_{di}(E_i/F)$$

式中　H_D——单元固有危险指数动态修正值；

　　　h_{di}——单元内第 i 个风险点固有危险指数动态监测指标修正值；

　　　E_i——单元内第 i 个风险点场所人员暴露指数；

　　　F——单元内各风险点场所人员暴露指数累计值；

　　　n——单元内风险点数。

（五）单元初始高危安全风险值（R_0）

将单元高危风险管控频率（G）与固有风险指数聚合：

$$R_0 = GH_D$$

式中　R_0——单元初始高危安全风险值；

　　　G——单元高危风险管控频率；

　　　H_D——单元固有危险指数动态修正值。

（六）单元现实风险（R_N）

单元现实风险（R_N）为现实风险动态修正指标对单元初始高危安全风险值（R_0）进行修正的结果。安全生产基础管理动态修正系数（B_S）对单元初始高危安全风险值（R_0）进行修正；特殊时期指标、高危风险物联网指标和自然环境指标对单元风险等级进行调档。

单元现实风险（R_N）为：

$$R_N = R_0 B_s$$

式中　R_N——单元现实风险；

　　　R_0——单元初始高危安全风险值；

　　　B_s——安全生产基础管理动态修正系数。

（七）单元风险分级标准

单元现实风险遵循从严从高的原则分为四级，不同级别风险对应不同的预警等级和预警信号，详见表6-13。

表 6-13   现实风险分级标准与预警级别

现实风险值 R_N	风险等级	风险等级符号	预警级别
<20	四级风险	Ⅳ	蓝色/不预警
$20 \leqslant R_N < 50$	三级风险	Ⅲ	黄色预警
$50 \leqslant R_N < 80$	二级风险	Ⅱ	橙色预警
$\geqslant 80$	一级风险	Ⅰ	红色预警

第二节   粉尘爆炸重点专项领域单元

可燃性粉尘，是指在大气条件下，能与气态氧化剂（主要是空气）发生剧烈氧化反应的粉尘、纤维或者飞絮。粉尘爆炸是指可燃性粉尘在爆炸极限范围内，遇到点火源（明火或高温等），火焰瞬间传播于整个混合粉尘空间，反应速度极快，同时释放大量的热，形成很高的温度和很大的压力，系统的能量转化为机械能以及光和热的辐射，具有很强的破坏力[7]。

粉尘爆炸并不是一种罕见的爆炸现象，涉及行业范围极广，特别是存在可燃性粉尘爆炸危险的冶金、有色、建材、机械、轻工、纺织、烟草、商贸等工贸企业都有可能发生。并且一旦爆炸，具有超强的破坏性，容易造成重大的人员伤亡和财产损失[8]。

基于粉尘爆炸单元的基本工艺特征，结合典型事故案例的研究以及事故模式的分析，遵循科学性、可操作性的原则，探究并确定粉尘爆炸单元风险影响因素，最终形成工贸行业粉尘爆炸单元的"5+1+N"风险评估指标体系[9]。"5+1+N"风险评估指标体系包括以高风险物质、高风险设备、高风险工艺、高风险作业、高风险场所为风险因子的固有风险指标体系"5"、以安全管理水平为要素的管控指标"1"、以高危风险监测监控指标、事故隐患动态数据、特殊时期数据、物联网数据、自然环境数据为要素的动态风险指标体系"N"。

一、粉尘爆炸单元风险清单

（1）粉尘爆炸单元固有风险清单（见表 6-14）

表 6-14　粉尘爆炸单元固有风险清单

风险点	风险因子	要素	指标描述	特征值		取值
粉尘爆炸风险点	高风险设备	给料系统、粉碎(研磨)设备、铝镁粉球磨机系统、输送设备、除尘系统本体	本质安全化水平	危险隔离(替代)		
				故障安全	失误安全	
					失误风险	
				故障风险	失误安全	
					失误风险	
	高风险工艺	吸尘罩	监测设施完好水平	吸尘罩罩口风速监测(设计风速大于1m/s)	失效率	
				火花探测装置	失效率	
		管道		管道风速监测	失效率	
		干式除尘器		干式除尘器进、出风口风压差监测报警装置	失效率	
				干式除尘器清灰压力监测报警装置	失效率	
		袋式除尘器		袋式除尘器的进风口宜设置温度监测报警装置	失效率	
				袋式除尘器设置清灰压力监测报警装置	失效率	
		除尘器		除尘器压力监测	失效率	
				除尘器箱体内氧含量连续监测报警装置,并与除尘系统的控制装置保护联锁	失效率	
		湿式除尘器		湿式除尘器水量监测报警装置	失效率	
				湿式除尘器水压监测报警装置	失效率	
		风机		风机外壳温度监测	失效率	
		给料系统		机械运动处,如轴承温度监测	失效率	
		粉碎(研磨)设备		温度监测	失效率	
				浓度监测	失效率	
		球磨机		系统内应充氮气保护	失效率	
				球磨机出口气体和粉尘混合物温度	失效率	
				球磨机密封填料温度监测	失效率	
		鼓风机		鼓风机压力监测(运转时,入口的表压应保持200～1500Pa)	失效率	
				鼓风机密封填料温度监测	失效率	

续表

风险点	风险因子	要素	指标描述	特征值		取值
粉尘爆炸风险点	高风险工艺	气力输灰系统	监测设施完好水平	气力输灰管道的风量监测	失效率	
				气力输灰装置风压监测报警	失效率	
				气力输灰管道的风速监测	失效率	
		埋刮板输送机		轴承发热（埋刮板输送机）温度监测	失效率	
				皮带与拖辊、机体摩擦产生热量（带式输送机）温度监测	失效率	
		带式输送机		皮带摩擦使结块粉尘暗燃	失效率	
		斗式提升机		轴承发热（斗式提升机）温度监测	失效率	
	高风险场所	除尘系统车间	人员风险暴露	场所作业人数		
	高风险物品	粮食粉尘	物质危险性	着火敏感度		
				爆炸指数		
				最大爆炸压力		
				爆炸性粉尘环境出现频率		
	高风险作业	危险作业	高风险作业种类	清扫作业		
				电工作业		
		特种作业		动火作业		

（2）粉尘爆炸单元动态风险清单（见表 6-15）

表 6-15　粉尘单元动态风险清单

单元	风险因子	要素	指标描述	特征值		取值
粉尘单元	动态监测 F1	吸尘罩		吸尘罩罩口风速监测（设计风速大于 1m/s）	符合要求：是、否；四级、一级	
				火花探测装置	大于 2 次/2h；2 次/2h；1 次/2h；无	
		管道		管道风速监测		
		干式除尘器		进、出风口风压差监测报警装置	大于 2 次/2h；2 次/2h；1 次/2h；无	
				清灰压力监测报警装置	大于 2 次/2h；2 次/2h；1 次/2h；无	

续表

单元	风险因子	要素	指标描述	特征值		取值
粉尘单元	动态监测 F1	干式除尘器		内部温度传感器,并配备显示仪及超温报警装置	大于 2 次/2h;2 次/2h;1 次/2h;无	
		袋式除尘器		袋式除尘器的进风口宜设置温度监测报警装置	大于 2 次/2h;2 次/2h;1 次/2h;无	
				清灰压力监测报警装置	大于 2 次/2h;2 次/2h;1 次/2h;无	
		除尘器		除尘器箱体内氧含量连续监测		
		风机		外壳温度监测	温度参数:一级;二级;三级;四级	
		气力输灰系统		气力输灰装置风压监测报警	大于 2 次/2h;2 次/2h;1 次/2h;无	
				气力输灰管道的风速监测(铝及铝镁合金粉应大于 23 m/s,镁粉应大于 18 m/s)	铝及铝镁合金粉	
		埋刮板输送机		轴承发热(埋刮板输送机)温度监测报警	大于 2 次/2h;2 次/2h;1 次/2h;无	
				皮带与拖辊、机体摩擦产生热量(带式输送机)温度监测报警	大于 2 次/2h;2 次/2h;1 次/2h;无	
		斗式输送机		轴承发热(斗式提升机)温度监测报警	大于 2 次/2h;2 次/2h;1 次/2h;无	
		球磨机		球磨机出口气体和粉尘混合物温度监测		
				球磨机密封填料温度监测	55℃≥磨制铝粉	
				系统内应充氮气保护	符合要求:是,否;四级、一级	
		鼓风机		鼓风机压力监测	200Pa～1500Pa	
	事故隐患指标 F2	接入隐患排查系统		隐患层级	无、一般、重大	
				周排查隐患个数	重大、非重大(根据《工贸行业重大生产安全事故隐患判定标准》)	
	物联网大数据事故指标 F3	行业事故数据		季度相关类型事故发生频次	1、3、10 次/季	
				季度相关类型事故级别	特大、重大、较大、一般	

续表

单元	风险因子	要素	指标描述	特征值		取值
粉尘单元	物联网大数据事故指标 F3	行业事故数据		历史同期事故高发时间段		
	特殊时段 F4		节假日	双休日、一般节日、春节、国庆		
			国家或地方重要活动	两会等		
	自然环境指标 F5	气象	温度(温度值或高温低温预警)	黄色、橙色、红色		
			雷电(预警)	黄色、橙色、红色		
			暴雨(预警)	蓝色、黄色、橙色、红色		
		地质灾害	崩塌、滑坡、泥石流	小型、中型、大型、巨型		
		其他	地震、大风	中国地震局灾害分类:一般、较大、重大、特别重大		

二、粉尘爆炸单元"5+1+N"风险指标量化方法

(一)单元固有风险指数"5"计量

粉尘涉爆重点专项领域单元的风险点固有危险指数(h)受下列因素影响:设备本质安全化水平、监测监控失效率水平(体现工艺风险)、物质危险性、场所人员风险暴露、高风险作业危险性。

1. 粉尘爆炸高风险设备指数(h_s)计算

将固有危险指标大致分为设备寿命参数,封闭度,防护级别和防爆结构,防护装置,泄爆、抑爆、泄压类设备,监控设备等部分。

(1)设备寿命参数(h_{s_1})　各个设备的平均寿命周期不同,将使用寿命参数来衡量设备性能(见表6-16)。

表 6-16　设备寿命参数

危险级别	h_{s_1}	设备寿命
高	1.7	>0.7
较高	1.4	0.5~0.7

续表

危险级别	h_{s_1}	设备寿命
一般	1.3	0.3～0.5
低	1.2	≤0.3

时间比＝使用时间/寿命周期，使用时间指设备从开始组装运行到目前的时间，寿命周期指该设备平均寿命周期。

（2）封闭度（h_{s_2}）。根据场所封闭程度、设备复杂度，可参见表 6-17 确定设备设施危险分数。

表 6-17　设备封闭度

危险级别	h_{s_2}	封闭度
高	1.7	封闭
一般	1.4	半封闭
低	1.2	敞开

（3）防护级别和防爆结构（h_{s_3}）。爆炸性粉尘环境内电气设备的选型应依据相关规范选择相应防护级别和防爆结构的电气设备（见表 6-18）。

表 6-18　防护级别和防爆结构

h_{s_3}	符合规范要求
1.7	否
1.0	是

（4）防护装置（h_{s_4}）。粉尘爆炸单元不同位置的防护装置类型如表 6-19 所示。

表 6-19　粉尘爆炸单元不同位置的防护装置类型

序号	部位/设备	防护装置的类型
1	吸尘罩与除尘系统管道连接处	火花探测自动报警装置和火花熄灭装置或隔离阀
2	吸尘罩口	金属网、电磁除铁装置
3	吸尘罩	非铝质金属材料或阻燃材料制造
4	风管	火花探测报警装置和火花熄灭装置
5	除尘器	钢质金属材料或非铝质金属、阻燃、防静电材料制造
6	除尘系统	启动与停机控制装置
7	除尘系统	保护联锁装置

序号	部位/设备	防护装置的类型
8	钢质金属材料箱体	防锈措施、非铝涂料
9	除尘器内所有梁、分隔板	设置防尘板
10	干式除尘器滤袋	阻燃及防静电滤料
11	除尘器灰斗下部	锁气卸灰装置
12	进料处	磁铁、气动分离器或筛子
13	输送设备	急停装置、独立的通风除尘装置
14	带式输送机进、出料口	安装吸尘罩
15	进料点、卸料点	设置吸风口
16	带式输送机	防止胶带打滑及跑偏装置
17	带式输送机	转动部件配置润滑装置
18	斗式提升机出口处	设置吸风口
19	斗式提升机设置	紧急联锁停机装置
20	斗式提升机进料口	磁选装置
21	粉碎过程	惰性气体保护装置
22	研磨机	内衬选用橡皮或柔软、不产生火花材料的球体

设备需要按要求配备安全防护装置,安全防护措施 h_{s_4} 如表 6-20 所示。

表 6-20 安全防护措施

h_{s_4}	防护装置
1.7	无
1.0	有

(5)泄爆、抑爆、泄压类设备（h_{s_5}）。泄爆、抑爆、泄压类设备 h_{s_5} 见表 6-21。

表 6-21 泄爆、抑爆、泄压类设备危险分数

h_{s_5}	符合规范要求
1.7	否

涉及的设备合规性检查如表 6-22 所示。

表 6-22　泄爆、抑爆、泄压类设备合规性检查

序号	合规性检查/危险性取值依据
1	除尘管道截面采用圆形
2	水平管道每隔 6m 设置清理口
3	管道接口处采用金属构件紧固并采用与管道横截面面积相等的过渡连接
4	管道长度每隔 6m 处,分支管道汇集到集中排风管道接口的集中排风管道上游 1m 处,设置径向控爆泄压口
5	各除尘支路与总回风管道连接处装设自动隔爆阀
6	管道长度大于 10m 应设置防爆装置
7	水平风管每间隔 6m 处,以及风管弯管夹角大于 45°的部位,宜设置清灰口
8	主风管上安装隔爆装置
9	采用紧急关断阀式隔爆装置
10	干式除尘器进风口设置隔爆阀
11	气力输送管道开设泄爆口
12	埋刮板输送机进料点、卸料点设置卸爆装置
13	斗式提升机上设置泄爆口(机头顶部泄爆口引出室外,导管长度不超过 3m)

（6）监控设备（h_{s_6}）。若设备需要按规范要求配备监控设备，可参考表 6-23 确定分数。

表 6-23　安全监控设备

h_{s_6}	监控设备
1.7	无
1.0	有

高风险设备指数计算：

$$h_{s_0} = \frac{1}{n} \sum_{i=1}^{n} h_{s_i}$$

根据公式计算出来的 h_{s_0} 值，按表 6-24 确定风险点高风险设备的级别，确定相应的高风险设备指数 h_s。

表 6-24　风险点高风险设备级别和 h_{s_0} 值的对应关系

危险化学品重大危险源级别	h_{s_0} 值	h_s 值
一级	$h_{s_0} \geqslant 1.7$	1.7
二级	$1.7 > h_{s_0} \geqslant 1.4$	1.4
三级	$1.4 > h_{s_0} \geqslant 1.3$	1.3
四级	$1.3 > h_{s_0} \geqslant 1.2$	1.2
五级	$h_{s_0} < 1.2$	1.0

2. 粉尘爆炸物质危险指数（M）计算

M 值由风险点高风险物品的火灾、爆炸、毒性、能量等特性确定，采用高风险物品的实际存在量与临界量的比值及对应物品的危险特性修正系数乘积的 m 值作为分级指标，根据分级结果确定 M 值。

风险点高风险物品 m 值的计算方法如下：

$$m = \beta \frac{q}{Q}$$

式中　q/Q——危险区域的划分，见表 6-25；

　　　β——与各高风险物品相对应的校正系数。

表 6-25　不同区域危险分值

区域	20 区	21 区	22 区	非危险区
q/Q	7	5	3	1

校正系数 β 取值与着火敏感度和物质危险特性有关，校正系数 β 取 max（β_1，β_2）。

（1）着火敏感度。粉尘点火有效性受粉尘着火敏感度影响。敏感度越高越容易着火，点火源有效性越高。粉尘着火敏感度可参考表 6-26。

表 6-26　粉尘着火敏感度级别

危险级别及分数		爆炸敏感度参数	
危险级别	校正系数 β_1	最低着火温度 T（℃）	最小点火能 E（mJ）
高	11	$T \leqslant 135$	$E \leqslant 10$
较高	8	$135 < T \leqslant 300$	$10 < E \leqslant 100$
一般	5	$300 < T \leqslant 450$	$100 < E \leqslant 500$
低	2	$450 < T$	$500 < E$

注：粉尘着火敏感度级别按最低着火温度和最小点火能较高者确定。

（2）物质特性危险分数。可用粉尘爆炸最大爆炸压力（P_{max}）和爆炸指数（K_{st}）表示物质特性对粉尘爆炸后果的影响。危险级别和对应的危险分数见表 6-27。

表 6-27　物质特性危险分数

物质危险性级别及分数		爆炸猛度参数	
危险级别	校正系数 β_2	最大爆炸压力 P_{max}/MPa	爆炸指数 K_{st}/(MPa·m/s)
高	11	$P \geqslant 1.0$	$K_{st} \geqslant 30$
较高	8	$0.6 \leqslant P < 1.0$	$20 \leqslant K_{st} < 30$

物质危险性级别及分数		爆炸猛度参数	
危险级别	校正系数 β_2	最大爆炸压力 P_{max}/MPa	爆炸指数 K_{st}/(MPa·m/s)
一般	5	$0.3 \leqslant P_{max} < 0.6$	$10 \leqslant K_{st} < 20$
低	2	$P_{max} < 0.3$	$K_{st} < 10$

注：物质特性危险分数按最大爆炸压力和爆炸指数较高者确定。

根据计算出来的 m 值，用表 6-28 确定风险点高风险物品的级别，确定相应的物质指数 M。

表 6-28　风险点高风险物品级别和 R_m 值的对应关系

危险化学品重大危险源级别	m 值	M 值
一级	$m \geqslant 60$	9
二级	$60 > m \geqslant 40$	7
三级	$40 > m \geqslant 20$	5
四级	$20 > m \geqslant 5$	3
五级	$m < 5$	1

3. 粉尘爆炸场所人员暴露指数（E）计算

粉尘爆炸场所暴露人数见表 6-29。

表 6-29　粉尘爆炸场所暴露人数

作业类型	单次人数/人
清扫作业	4
电工作业	4
动火作业	2
可能波及人数	5

4. 粉尘爆炸监测监控设施失效率修正系数（K₁）计算

监测监控设施失效率修正系数：

$$K_1 = 1 + p$$

式中　p——监测监控设施失效率的平均值。

可能涉及的监测监控设施如表 6-30 所示。

表 6-30　粉尘爆炸可能涉及的监测监控设施类型

序号	部位/设备	监测类型
1	吸尘罩	罩口风速监测(设计风速大于 1m/s)
2	除尘系统	火花探测装置
3	管道	风速监测
4	干式除尘器进、出风口	风压差监测报警装置
5	干式除尘器清灰	压力监测报警装置
6	袋式除尘器的进风口	温度监测报警装置
7	袋式除尘器设置清灰	压力监测报警装置
8	袋式除	压力监测
9	除尘器箱体内	氧含量连续监测报警装置
10	湿式除尘器	水量监测报警装置、水压监测报警装置
11	风机	外壳温度监测
12	气力输灰管道	风量监测、风压监测报警、风速监测
13	轴承(埋刮板输送机)	温度监测
14	皮带与拖辊、机体(带式输送机)	温度监测
15	轴承(斗式提升机)	温度监测
16	球磨机	(密封填料、出口混合)温度监测
17	鼓风机	压力监测

5. 粉尘爆炸高风险作业危险性修正系数 K_2 计算

$$K_2 = 1 + 0.05q$$

式中　q ——风险点涉及高风险作业种类数。

粉尘爆炸场所存在清扫作业、电工作业、动火作业等作业。

（二）单元安全风险管控指标"1"计量

单元安全风险管控指标表征的是企业安全管理水平，通过安全标准化得分率的倒数来衡量，计量后将其作为单元风险管控指标的取值，见下式。

$$G = 100/\nu$$

式中　G ——最终单元高危风险管控指标取值；

　　　ν ——初始安全生产标准化分值。

安全生产标准化等级划分方法，如表 6-31 所示。

表 6-31　初始安全生产标准化分值及等级

初始安全生产标准化分值 ν	等级
90＜ν≤100	一级
75＜ν＜89	二级
60＜ν＜74	三级
不达标	四级

（三）单元动态风险指标"N"计量

单元动态风险指标包括高危风险监测特征指标、事故隐患动态指标、特殊时期指标、物联网大数据动态指标、自然环境数据动态指标。单元动态风险指标的计量主要是通过动态风险指标对单元风险等级的扰动和修正程度来表征，不同的动态风险指标有不同的扰动和修正规则。

1. 高危风险监测特征指标→关键监测指标的扰动系数 K_3

高危风险监测特征指标以粉尘爆炸单元的压力、液位、流量、浓度等动态安全生产在线监测指标的预警情况作为适时修正指标。

高危风险监测特征系数 K_3 由监测报警等级和风险点固有危险指数 h 共同决定。在线监测指标实时报警分一级报警（低报警）、二级报警（中报警）和三级报警（高报警）。风险点固有危险指数 h 分为四个档次，一档固有危险指数范围为 $0＜h≤20$，二档固有危险指数范围为 $21≤h≤50$，三档固有危险指数范围为 $51≤h≤80$，四档固有危险指数范围为 $h≥81$。高危风险监测特征修正系数取值规则见表 6-32。

表 6-32　监测指标对风险的扰动矩阵

K_3		正常	一级报警	二级报警	三级报警
风险点固有危险指数 h	0～20	1	1	1	1
	21～50	1.2	1.2	1.2	1.5
	51～80	1.5	1.5	1.5	2.5
	81	2.5	2.5	2.5	2.5

2. 事故隐患动态数据的修正规则

事故隐患动态数据主要包括事故隐患等级、事故隐患整改率 2 项指标。

（1）事故隐患等级（I_1）。分为一般隐患和重大隐患。不同等级的隐患的对应分值如表 6-33 所示。

表 6-33　不同等级事故隐患对应分值（b_n）

序号	不同隐患等级（B_n）	对应分值（b_n）
1	重大隐患	1
2	一般隐患	0.1

事故隐患等级按下式计算：

$$I_1 = B_1 b_1 + B_2 b_2$$

式中　I_1——事故隐患等级；

　　　B_1——重大隐患对应数量；

　　　B_2——一般隐患对应数量；

　　　b_1——重大隐患对应分值；

　　　b_2——一般隐患对应分值。

（2）隐患整改率（I_2）。隐患整改率不同，对应分值如表 6-34 所示。

表 6-34　不同隐患整改率对应分值

序号	隐患整改率	对应分值（c_{n_1}，c_{n_2}）
1	等于 100%	0
2	大于或等于 80%，且小于 100%	0.2
3	大于或等于 50%，且小于 80%	0.4
4	大于或等于 30%，且小于 50%	0.6
5	小于 30%	0.8

隐患整改率按下式计算：

$$I_2 = B_1 b_1 c_{n_1} + B_2 b_2 c_{n_2}$$

式中　I_2——隐患整改率；

　　　c_{n_1}——重大隐患整改率对应的分值，$n_1 = 1，2，3，4，5$；

　　　c_{n_2}——一般隐患整改率对应的分值，$n_2 = 1，2，3，4，5$。

（3）指标权重确定。根据历史安全数据、事故情况等，各指标在安全生产基础管理动态修正系数体系中的相对重要程度，确定各指标对 B_S 的权重赋值。具体各指标权重值（W_n）见表 6-35。

表 6-35　事故隐患各动态指标对应权重 W_n

序号	事故隐患动态指标类型	对应分值 W_n
1	事故隐患等级	0.4
2	事故隐患整改率	0.6

（4）安全生产基础管理动态修正系数（B_S）。通过指标量化值及其指标权重，建立数学模型，得出事故隐患动态修正系数（B_S）值。事故隐患动态数据对安全风险产生负向影响。

安全生产基础管理动态修正系数（B_S）对安全生产基础管理状态的生成，根据其指标对安全生产基础管理状态状况的影响，产生正向和负向的系数影响。即有利于事故预防、安全管理的指标项在公式中属于负向的系数，不利于事故预防、安全管理的指标项公式中属于正向的系数。

$$B_S = I_1 W_1 + I_2 W_2$$

式中　B_S——安全生产基础管理动态修正系数数值；

　　　W_n——各指标所对应的权重，$n=1,2$。

3. 物联网大数据的修正规则

物联网大数据对单元风险的风险预警等级进行提降档修正，最高提一档，一段时间后自动降挡。

4. 特殊时期数据的修正规则

特殊时期数据对单元风险的风险预警等级进行提降档修正，最高提一档，一段时间后自动降挡。

5. 自然环境数据的修正规则

自然环境数据对单元风险的风险预警等级进行提降档修正，最高提一档，一段时间后自动降挡。

三、粉尘爆炸单元"5+1+N"风险评估模型

粉尘爆炸单元"5+1+N"风险评估模型参见第六章第二节粉尘爆炸重点专项领域单元。

第三节　有限空间重点专项领域单元

一、有限空间单元分析

（一）有限空间定义及分类

有限空间是指封闭或者部分封闭，与外界相对隔离，出入口较为狭窄，作业人员不能长时间在内工作，自然通风不良，易造成有毒有害、易燃易爆物质积聚或者氧含量不足的空间[10]。

有限空间作业按照危险作业场所可分为3类：密闭设备作业，包括各类储罐、炉、塔（釜）、管道、烟道、电除尘器、煤气柜、电捕焦油器及锅炉作业等；地下有限空间作业，包括地下管道、地下室、地下工程、暗沟、隧道、地坑、污水池（井）、焦炉地下室、煤气阀门井、煤气柜水封室作业等；地上有限空间作业，包括料仓、干法脱硫罐等封闭空间作业[11]。

（二）有限空间事故类型分析

1. 中毒事故

有限空间内常见的有毒有害物质有硫化氢、一氧化碳、苯系物等，主要来源包括：有限空间内化学品的泄漏、挥发或残留；化学反应产生，如有机物分解产生硫化氢；相连或相近设备或管道扩散或渗漏进来的；作业过程引入的，如喷漆或有机溶剂清洗作业。有毒有害物质会弥漫到整个作业区域，一旦进入或靠近有限空间，就有可能导致中毒。

2. 窒息事故

窒息事故是指操作人员在空气中氧的浓度较低的作业场所内操作，由于氧气不足而导致发生的事故。有一类单纯性窒息性气体，其本身无毒，但由于它们的存在对氧气的挤占，这类气体绝大多数比空气重，易在有限空间底部集聚，并挤占氧气空间，而造成进入有限空间作业的人员发生缺氧窒息，如二氧化碳、氮气、氩气和水蒸气等。

3. 火灾爆炸事故

有限空间存在易燃易爆气体，它们来自于管道间泄漏（阀门没关严、没堵盲板）、容器内部残存、工作产物 在其内进行涂漆、喷漆、使用易燃易爆溶剂、加热使可燃液体气化、作业泄漏（乙炔、丙烷、丙烯等、微生物细菌分解）等。在有限空间中常见的可燃气体包括：煤气、乙炔、丙烷、丙烯、甲烷等，在通风不良的情况下达到危险浓度，遇到火源，就可能导致火灾甚至爆炸事故。有限空间中的火源包括：焊接和切割等动火作业、产生热量的工作活动、铁质器件撞击、光源和电动工具以及静电火花等。

4. 高处坠落和触电事故

有限空间作业人员在没有安全防护状态下，因身体不适、身体疲劳、精神紧张、长时间作业等情况，容易发生高处坠落风险。

作业现场监管不力或电气防护装置失效，因操作失误或违章作业，可能发生触电事故的危险。

5. 淹溺、掩埋和机械伤害事故

清洗或清理大型水池、储水箱、输水管 、旋流井的作业现场有导致人员淹溺、物体打击埋压的危险。

有限空间内作业时所用机械设备或手持电动工具，若监护不到位或安全防护装置失效，因操作失误运转部件触及人体或设备发生破坏碎片飞出，都有可能造成机械伤害事故。

工贸行业有限空间"五高"风险单元界定要符合有限空间定义，并参照工贸企业有限空间参考目录、工贸行业较大危险因素辨识与防范指导手册等资料，进行全面辨识。

基于有限空间单元的基本工艺特征，结合典型事故案例的研究以及事故模式的分析，遵循科学性、可操作性的原则，探究并确定有限空间单元风险影响因素，最终形成工贸行业有限空间单元的"5＋1＋N"风险评估指标体系。"5＋1＋N"风险评估指标体系包括以高风险物质、高风险设备、高风险工艺、高风险作业、高风险场所为风险因子的固有风险指标体系"5"、以安全管理水平为要素的管控指标"1"、以高危风险监测监控指标、事故隐患动态数据、特殊时期数据、物联网数据、自然环境数据为要素的动态风险指标体系"N"。

二、有限空间单元风险清单

（一）有限空间单元固有风险清单

有限空间单元固有风险清单见表 6-36。

表 6-36　有限空间单元固有风险清单

风险点	风险因子	要素	指标描述	特征值		取值
中毒事故风险点	h_s	有限空间本体	本质安全化水平	危险隔离（替代）	对外界危险有害物质的安全隔离装置	
				故障安全	失效安全	防爆型电气设备（针对可燃性气体、粉尘环境）	
					失误风险	防爆低压照明灯具、防静电工作服	
				故障风险	失效安全	机械通风装置	
					失误风险	防护装备（隔离式呼吸保护器、安全绳索等）	
	K_1	气体浓度监测系统	监测设备完好水平	有毒有害气体浓度监测：CO、H_2S、CH_4 等	失效率	
				氧气浓度监测	失效率	
		通风	通风量监测	失效率		
	K_2	特种作业	高风险作业种类数	高处作业		
		危险作业		焊接作业		
				明火作业		
				清扫作业		
				维修作业		
	M	中毒 CO、H_2S	毒性系数			
	E	有限空间范围	暴露时间	作业人数		
窒息事故风险点	h_s	有限空间本体	本质安全化水平	危险隔离（替代）	对外界危险有害物质的安全隔离装置	
				故障安全	失效安全	防爆型电气设备（针对可燃性气体、粉尘环境）	
					失误风险	防爆低压照明灯具、防静电工作服	
				故障风险	失效安全	机械通风装置	
					失误风险	防护装备（隔离式呼吸保护器、安全绳索等）	

续表

风险点	风险因子	要素	指标描述	特征值		取值
窒息事故风险点	K_1	气体浓度监测系统	监测设备完好水平	有毒有害气体浓度监测:CO、H_2S、CH_4 等	失效率	
				氧气浓度监测	失效率	
		通风		通风量监测	失效率	
	K_2	特种作业	高风险作业种类数	高处作业		
		危险作业		焊接作业		
				明火作业		
				清扫作业		
				维修作业		
	M	低氧/富氧	物质危险指数	浓度		
	E	有限空间范围	暴露时间	作业人数		

（二）有限空间单元动态风险清单（见表 6-37）

表 6-37 有限空间重点专项领域单元动态风险清单

单元	风险因子	要素	指标描述	特征值		取值
有限空间重点专项领域单元	动态监测指标	监测系统	气体监测	CO 等有毒气体浓度监测	短时间接触浓度	
				氧含量监测	蓝色 19%～23.5%、黄色 16%～19.5%、橙 10%～16%、红色 10%以下	
	事故隐患指标	接入隐患排查系统	隐患数据	隐患层级	无、一般、重大	
				周排查隐患个数	重大、非重大（根据《工贸行业重大生产安全事故隐患判定标准》）	
	物联网大数据事故指标	行业事故	行业事故数据	季度相关类型事故发生频次	1、3、10 次/季	
				季度相关类型事故级别	特大、重大、较大、一般	
	自然环境指标	气象监测系统	气象	温度(温度值或高温、低温预警)	35℃以下、35～36℃、37～39℃、40℃以上	
				雷电(预警)	黄色、橙色、红色	
				暴雨(预警)	降雨量:50mm/12h、50mm/6h、50mm/3h、100mm/3h	
				大风(预警)	风力:6～7 级、8～9 级、10～11 级、12 级以上	

续表

单元	风险因子	要素	指标描述	特征值		取值
有限空间重点专项领域单元	自然环境指标	地质灾害监测系统	地质灾害	崩塌、滑坡、泥石流	小型、中型、大型、巨型	
	特殊时段	特殊时段时间安排	特殊时段时间安排	节假日	双休日、一般节日、春节国庆	
				国家、地方重要活动	两会等	

三、有限空间单元"5+1+N"风险指标量化方法

(一) 单元固有风险指数"5"计量

有限空间重点专项领域单元的风险点固有危险指数 (h) 受下列因素影响:

(1) 设备本质安全化水平;

(2) 监测监控失效率水平 (体现工艺风险);

(3) 物质危险性;

(4) 场所人员风险暴露;

(5) 高风险作业危险性。

1. 高风险设备 (h_s)

固有危险指数以风险点设备设施本质安全化水平作为赋值依据,表征风险点生产设备设施防止事故发生的技术措施水平。重点分析安全防护用品、呼吸器种类 (过滤式、正压式)、作业工具 (升降机、梯子)、应急救援设备、有毒气体检测和报警装置、通风设备、安全带等 (见表6-38)。

表6-38 风险点固有危险指数

类型		取值
危险隔离(替代)		1.0
故障安全	失误安全	1.2
	失误风险	1.4
故障风险	失误安全	1.3
	失误风险	1.7

2. 高风险物品 (M)

M 值计算方法由风险点高风险物品的火灾、爆炸、毒性、能量等特性确

定，采用高风险物品的实际存在量与临界量的比值及对应物品的危险特性修正系数乘积的 m 值作为分级指标，根据分级结果确定 M 值。而对于有限空间，高风险物品是一氧化碳、硫化氢和甲烷等有毒或爆炸性气体。因此将高风险物品的实际存在量与临界量用实际浓度和临界浓度代替。有限空间有毒、爆炸气体临界量与校正系数见表 6-39。

风险点高风险物品 m 值的计算方法如下：

$$m = \beta_1 \frac{q_1}{Q_1} + \beta_2 \frac{q_2}{Q_2} + \cdots + \beta_n \frac{q_n}{Q_n}$$

式中　q_1，q_2，…，q_n——每种高风险物品实际质量浓度，mg/m^3；

　　　Q_1，Q_2，…，Q_n——与各高风险物品相对应的临界浓度（质量浓度），

　　　　　　　　　　　　mg/m^3；

　　　β_1，β_2，…，β_n——与各高风险物品相对应的校正系数。

表 6-39　有限空间有毒、爆炸气体临界量与校正系数表

有毒气体类别	允许浓度	β 取值
氟化氢	最高容许浓度：2mg/m³	5
氮氧化物	加权平均 5mg/m³、短时间接触 10mg/m³	10
二氯甲烷	加权平均浓度：200mg/m³	1
三氯乙烯	加权平均浓度：30mg/m³	2
沥青烟气	最高容许浓度：50mg/m³	2
燃气(甲烷等烷烃类物质)		1.5
磷化氢	最高容许浓度：0.3mg/m³	20
液化石油气(氢气、甲烷等烷烃类物质)	38.84～245.98g/m³	1.5
氨气	加权平均 20mg/m³、短时间接触 30mg/m³	2
二氧化硫	加权平均 5mg/m³、短时间接触 10mg/m³	2
甲烷	35.71～107.14g/m³	1.5
氢气	3.57～66.96g/m³	1.5
一氧化碳	156.25～927.5g/m³	2
硫化氢	最高容许 10mg/m³	5
沼气	35.71～107.14g/m³	1.5

根据计算出来的 m 值，按表 6-40 确定风险点高风险物品的级别，确定相应的物质指数 M。

表 6-40　风险点高风险物品级别和 m 值的对应关系

高风险物品级别	m 值	M 值
一级	$100{\leqslant}m$	9
二级	$50{\leqslant}m<100$	7
三级	$10{\leqslant}m<50$	5
四级	$1{\leqslant}m<10$	3
五级	$m<1$	1

3. 高风险场所（E）

以风险点内有限空间作业暴露人数 P 来衡量，按表 6-41 取值，取值范围 $1\sim9$。

表 6-41　风险点暴露人员指数赋值表

暴露人数（P）	E 值
100 人以上	9
30～99 人	7
10～29 人	5
3～9 人	3
0～2 人	1

4. 高风险工艺（K_1）

由监测监控设施失效率修正系数 K_1 表征：

$$K_1=1+l$$

式中　l——监测监控设施失效率的平均值。

有限空间主要监测监控的是有毒有害气体（CO、H_2S、CH_4 等）浓度、氧气浓度和风量。

5. 高风险作业（K_2）

由危险性修正系数 K_2 表征：

$$K_2=1+0.05t$$

式中　t——风险点涉及高风险作业种类数。

有限空间高风险作业主要有高处作业、焊接作业、明火作业、清扫作业和维修作业。

（二）单元安全风险管控指标"1"计量

单元安全风险管控指标指的是企业安全管理水平的表征，通过安全标准化得分率的倒数来计算，计算后将其作为单元风险管控指标的取值，见下式。

$$G = 100/\nu$$

式中　G——最终单元高危风险管控指标取值；

　　　ν——初始安全生产标准化分值。

安全生产标准化等级划分方法，如表 6-42 所示。

表 6-42　企业安全标准化分值及等级

企业安全标准化分值 ν	企业安全标准化等级
$90 < \nu \leqslant 100$	一级
$75 < \nu < 89$	二级
$60 < \nu < 74$	三级
不达标	四级

（三）单元动态风险指标"N"计量

单元动态风险指标包括高危风险监测特征指标、事故隐患动态指标、特殊时期指标、物联网大数据动态指标、自然环境数据动态指标。单元动态风险指标主要是通过动态风险指标对单元风险等级的扰动和修正程度来表征，不同的动态风险指标由不同的扰动和修正规则。

1. 高危风险监测特征指标→关键监测指标的扰动系数 K_3

高危风险监测特征指标以有限空间单元的压力、液位、流量、浓度等动态安全生产在线监测指标的预警情况作为适时修正指标。

高危风险监测特征系数 K_3 由监测报警等级和风险点固有危险指数 h 共同决定。在线监测指标实时报警分一级报警（低报警）、二级报警（中报警）和三级报警（高报警）。风险点固有危险指数 h 分为四个档次，一档固有危险指数范围为 $0 < h \leqslant 20$，二档固有危险指数范围为 $21 \leqslant h \leqslant 50$，三档固有危险指数范围为 $51 \leqslant h \leqslant 80$，四档固有危险指数范围为 $h \geqslant 81$。高危风险监测特征修正系数取值规则见表 6-43。

表 6-43   监测指标对风险的扰动矩阵

K_3		正常	一级报警	二级报警	三级报警
风险点固有危险指数 h	0~20	1	1	1	1
	21~50	1.2	1.2	1.2	1.5
	51~80	1.5	1.5	1.5	2.5
	81	2.5	2.5	2.5	2.5

2. 事故隐患动态数据的修正规则

事故隐患动态数据主要包括事故隐患等级、事故隐患整改率 2 项指标。

（1）事故隐患等级（I_1）。分为一般隐患和重大隐患。不同等级的隐患的对应分值如表 6-44 所示。

表 6-44   不同等级事故隐患对应分值（b_n）

序号	不同隐患等级（B_n）	对应分值（b_n）
1	重大隐患	1
2	一般隐患	0.1

事故隐患等级 I_1，按下式计算：

$$I_1 = B_1 b_1 + B_2 b_2$$

式中 I_1——隐患等级；

B_1——重大隐患对应数量；

B_2——一般隐患对应数量；

b_1——重大隐患对应分值；

b_2——一般隐患对应分值。

（2）隐患整改率（I_2）。不同的隐患整改率，对应的分值如表 6-45 所示。

表 6-45   不同隐患整改率对应分值

序号	隐患整改率	对应分值（c_{n_1}, c_{n_2}）
1	等于 100%	0
2	大于或等于 80%，且小于 100%	0.2
3	大于或等于 50%，且小于 80%	0.4
4	大于或等于 30%，且小于 50%	0.6
5	小于 30%	0.8

隐患整改率 I_2 按下式计算：

$$I_2 = B_1 b_1 c_{n_1} + B_2 b_2 c_{n_2}$$

式中　I_2——隐患整改率；

　　　c_{n_1}——重大隐患整改率对应的分值，$n_1 = 1$，2，3，4，5；

　　　c_{n_2}——一般隐患整改率对应的分值，$n_2 = 1$，2，3，4，5。

（3）指标权重确定。根据历史安全数据、事故情况等，各指标在安全生产基础管理动态修正系数体系中的相对重要程度，确定各指标对 B_S 的权重赋值。具体各指标权重值（W_n）见表 6-46。

表 6-46　事故隐患各动态指标对应权重 W_n

序号	事故隐患动态指标类型	对应分值 W_n
1	事故隐患等级	0.4
2	事故隐患整改率	0.6

（4）安全生产基础管理动态修正系数（B_S）。通过指标量化值及其指标权重，建立数学模型，得出事故隐患动态修正系数（B_S）值。事故隐患动态数据对安全风险产生负向影响。

安全生产基础管理动态修正系数（B_S）对安全生产基础管理状态的生成，根据其指标对安全生产基础管理状态状况的影响，产生正向和负向的系数影响。即，有利于事故预防、安全管理的指标项在公式中属于负向的系数，不利于事故预防、安全管理的指标项公式中属于正向的系数。

$$B_S = I_1 W_1 + I_2 W_2$$

式中　B_S——安全生产基础管理动态修正系数数值；

　　　W_n——各指标所对应的权重，$n = 1$，2。

3. 物联网大数据的修正规则

物联网大数据对单元风险的风险预警等级进行提降档修正，最高提一档，一段时间后自动降档。

4. 特殊时期数据的修正规则

特殊时期数据对单元风险的风险预警等级进行提降档修正，最高提一档，一段时间后自动降档。

5. 自然环境数据的修正规则

自然环境数据对单元风险的风险预警等级进行提降档修正，最高提一档，一段时间后自动降档。

四、有限空间单元"5+1+N"风险评估模型

有限空间单元"5＋1＋N"风险评估模型参见第六章第三节有限空间重点专项领域单元。

第四节　人员密集重点专项领域单元

一、人员密集场所单元分析

人员密集场所是指因功能性需要，已经、正在或者将要聚集大量人员，可能造成人员密集安全事故，需要专业人员进行管理和预控的特定区域和场所[12]。

人员密集场所具有以下 4 个特点。

（1）人员高度密集、数量多。人员密集场所往往人员高度集中，在一定空间内要容纳大量人员。现场安全管理难度大，一旦发生火灾事故，疏散逃生困难，极易造成人员的群死群伤。

（2）人员流动性强，人员的组成复杂。由于年龄、性格等的个体差异，不同的人员在面对突发情况时，表现出来的脆弱性也不同，容易造成场面的混乱，导致事故的发生。

（3）安全隐患多。人员密集场所大多附属于其他建筑，随着目前建筑的多功能性，存在很多的安全隐患，大大增加了导致事故发生的频率。

（4）事故类型复杂。人员密集场所一旦发生事故，常常会发生连锁反应，伴随其他事故的发生。

人员密集场所的典型事故是指事故发生频率大且一旦发生就会造成重大的人员伤亡和财产损失的事故类型，如踩踏事故、火灾事故、爆炸事故等。根据

人员密集场所的事故统计，踩踏事故发生次数最多，并且踩踏事故的发生极其突然，具有突发性、后果连带性等特点。因此人员密集单元重点研究踩踏事故风险点。

二、人员密集单元"五高"风险清单

（1）人员密集单元固有风险清单（见表6-47）

表 6-47　人员密集单元固有风险清单

风险点	风险因子	要素	指标描述	特征值		取值
人员密集场所踩踏事故风险点	高风险设备	建筑物（出入口数量和宽度，通道、桥面、楼梯宽度） 照明电力设备	本质安全化水平	危险隔离（替代）		
				故障安全	失误安全	
					失误风险	
				故障风险	失误安全	
					失误风险	
	高风险工艺	客流人数监测 人员密度动态监测 异常情况监测	监测设施完好水平	客流人数监测	失效率	
				人员密度动态监测	失效率	
				异常情况监测	失效率	
	高风险场所	人员密集场所	人员风险暴露	场所作业人数		
	高风险物品	场所人员	物质危险性			
	高风险作业	大型群众性活动（严格依法审批）	高风险作业种类	大型群众性活动		

（2）人员密集单元动态风险清单（见表6-48）

表 6-48　人员密集单元动态风险清单

单元	风险因子	要素	指标描述	特征值		分级依据
人员密集场所单元	动态监测指标	人流聚集风险监测预警系统	人员监测	客流人数监测	一级报警、二级报警、三级报警	
				人员密度动态监测	一级报警、二级报警、三级报警	
				异常情况监测	一级报警、二级报警、三级报警	
	事故隐患指标	接入隐患排查系统	隐患数据	隐患层级	无、一般、重大	
				周排查隐患个数	重大、非重大（根据《工贸行业重大生产安全事故隐患判定标准》）	

续表

单元	风险因子	要素	指标描述	特征值		分级依据
人员密集场所单元	物联网大数据事故指标	行业事故	行业事故数据	历史同期事故高发时间段	通过对往年数据的采集和分析,结合目前人口、结构和商业发展的情况,以事情数据化分析的方式让人员及时了解当天可能会发生的拥堵情况	
	特殊时段	特殊时段时间安排	特殊时段时间安排	节假日	双休日、一般节日、春节、国庆	
				国家、地方重要活动	两会等	
	自然环境指标	气象监测系统	气象数据	温度(温度值或高温、低温预警)	黄色、橙色、红色	
				雷电(预警)	黄色、橙色、红色	
				暴雨(预警)	蓝色、黄色、橙色、红色	
		地质灾害监测系统	地质灾害	崩塌、滑坡、泥石流	小型、中型、大型、巨型	

三、人员密集单元"5+1+N"风险指标量化方法

(一)单元固有风险指数"5"计量

人员密集重点专项领域单元的风险点固有危险指数受下列因素影响:

(1)设备本质安全化水平;

(2)监测监控失效率水平(体现工艺风险);

(3)物质危险性;

(4)场所人员风险暴露;

(5)高风险作业危险性。

1. 高风险设备 (h_s)

固有危险指数以风险点设备设施本质安全化水平作为赋值依据,表征风险点生产设备设施防止事故发生的技术措施水平。重点分析人员密集场所建筑物的出入口数量及宽度,通道、楼梯的宽度和照明电力设备(见表6-49)。

表 6-49　风险点固有危险指数 h_s

类型		取值
危险隔离（替代）		1.0
故障安全	失误安全	1.2
	失误风险	1.4
故障风险	失误安全	1.3
	失误风险	1.7

2. 高风险物品（M）

人员密集场所的高风险物品指的就是场所人员本身。把场所实际人数与可容纳人数的比值及对应物品的危险特性修正系数乘积的 m 值作为分级指标，根据分级结果确定 M 值。

风险点高风险物品 m 值的计算方法如下：

$$m = \beta_1 \frac{q_1}{Q_1}$$

式中　q_1——场所实际人数；

　　　Q_1——场所可容纳人数；

　　　β_1——校正系数。

其中人员密集场所人员 β_1 相对应的校正系数取 10。

根据计算出来的 m 值，按表 6-50 确定风险点高风险物品的级别，确定相应的物质指数 M。

表 6-50　风险点高风险物品级别和 m 值的对应关系

高风险物品级别	m 值	M 值
一级	$100 \leqslant m$	9
二级	$50 \leqslant m < 100$	7
三级	$10 \leqslant m < 50$	5
四级	$1 \leqslant m < 10$	3
五级	$m < 1$	1

3. 高风险场所（E）

以风险点内暴露人数 P 来衡量，按表 6-51 取值，取值范围 1～9。

表 6-51　风险点暴露人员指数赋值表

暴露人数(P)	E 值
100 人以上	9
30~99 人	7
10~29 人	5
3~9 人	3
0~2 人	1

4. 高风险工艺（K_1）

由监测监控设施失效率修正系数 K_1 表征：

$$K_1 = 1 + l$$

式中　l——监测监控设施失效率的平均值。

人员密集场所主要监测监控的是人员数量、监测人员密度、异常情况监测等。

5. 高风险作业（K_2）

由危险性修正系数 K_2 表征：

$$K_2 = 1 + 0.05t$$

式中　t——风险点涉及高风险作业种类数。

人员密集场所高风险作业主要指大型群众性活动的举办。

（二）单元安全风险管控指标"1"计量

单元安全风险管控指标指的是企业安全管理水平的表征，通过安全标准化得分率的倒数来计算，计算后将其作为单元风险管控指标的取值，见下式。

$$G = 100 / \nu$$

式中　G——最终单元高危风险管控指标取值；

　　　ν——初始安全生产标准化分值。

安全生产标准化等级划分方法，如表 6-52 所示。

表 6-52　企业安全标准化分值及等级

企业安全标准化分值 ν	企业安全标准化等级
$90 < \nu \leqslant 100$	一级
$75 < \nu < 89$	二级

续表

企业安全标准化分值 ν	企业安全标准化等级
$60 < \nu < 74$	三级
不达标	四级

（三）单元动态风险指标"N"计量

单元动态风险指标包括高危风险监测特征指标、事故隐患动态指标、特殊时期指标、物联网大数据动态指标、自然环境数据动态指标。单元动态风险指标主要是通过动态风险指标对单元风险等级的扰动和修正程度来表征，不同的动态风险指标有不同的扰动和修正规则。

1. 高危风险监测特征指标→关键监测指标的扰动系数 K_3

高危风险监测特征指标以有限空间单元的压力、液位、流量、浓度等动态安全生产在线监测指标的预警情况作为适时修正指标。

高危风险监测特征系数 K_3 由监测报警等级和风险点固有危险指数 h 共同决定。在线监测指标实时报警分一级报警（低报警）、二级报警（中报警）和三级报警（高报警）。风险点固有危险指数 h 分为四个档次，一档固有危险指数范围为 $0 < h \leqslant 20$，二档固有危险指数范围为 $21 \leqslant h \leqslant 50$，三档固有危险指数范围为 $51 \leqslant h \leqslant 80$，四档固有危险指数范围为 $h \geqslant 81$。高危风险监测特征修正系数取值规则见表 6-53。

表 6-53　监测指标对风险的扰动矩阵

K_3		正常	一级报警	二级报警	三级报警
风险点固有危险指数 h	0~20	1	1	1	1
	21~50	1.2	1.2	1.2	1.5
	51~80	1.5	1.5	1.5	2.5
	81	2.5	2.5	2.5	2.5

2. 事故隐患动态数据的修正规则

事故隐患动态数据主要包括事故隐患等级、事故隐患整改率 2 项指标。

（1）事故隐患等级（I_1）。分为一般隐患和重大隐患。不同等级事故隐患的对应分值如表 6-54 所示。

表 6-54 不同等级事故隐患对应分值（b_n）

序号	不同隐患等级（B_n）	对应分值（b_n）
1	重大隐患	1
2	一般隐患	0.1

事故隐患等级 I_1 按下式计算：

$$I_1 = B_1 b_1 + B_2 b_2$$

式中 I_1——隐患等级；

B_1——重大隐患对应数量；

B_2——一般隐患对应数量；

b_1——重大隐患对应分值；

b_2——一般隐患对应分值。

（2）隐患整改率（I_2）。隐患整改率不同，对应分值如表 6-55 所示。

表 6-55 不同隐患整改率对应分值

序号	隐患整改率	对应分值（c_{n_1}，c_{n_2}）
1	等于 100%	0
2	大于或等于 80%，且小于 100%	0.2
3	大于或等于 50%，且小于 80%	0.4
4	大于或等于 30%，且小于 50%	0.6
5	小于 30%	0.8

隐患整改率 I_2 按下式计算：

$$I_2 = B_1 b_1 c_{n_1} + B_2 b_2 c_{n_2}$$

式中 I_2——隐患整改率；

c_{n_1}——重大隐患整改率对应的分值，$n_1 = 1$，2，3，4，5；

c_{n_2}——一般隐患整改率对应的分值，$n_2 = 1$，2，3，4，5。

（3）指标权重确定。根据历史安全数据、事故情况等，各指标在安全生产基础管理动态修正系数体系中的相对重要程度，确定各指标对 B_S 的权重赋值。具体各指标权重值（W_n）见表 6-56。

表 6-56 事故隐患各动态指标对应权重 W_n

序号	事故隐患动态指标类型	对应分值 W_n
1	事故隐患等级	0.4
2	事故隐患整改率	0.6

（4）安全生产基础管理动态修正系数（B_S）。通过指标量化值及其指标权重，建立数学模型，得出事故隐患动态修正系数（B_S）值。事故隐患动态数据对安全风险产生负向影响。

安全生产基础管理动态修正系数（B_S）对安全生产基础管理状态的生成，根据其指标对安全生产基础管理状态状况的影响，产生正向和负向的系数影响。即有利于事故预防、安全管理的指标项在公式中属于负向的系数，不利于事故预防、安全管理的指标项公式中属于正向的系数。

安全生产基础管理动态修正系统B_S按下式计算：

$$B_S = I_1 W_1 + I_2 W_2$$

式中　B_S——安全生产基础管理动态修正系数数值；

　　　W_n——各指标所对应的权重，$n = 1，2$。

3. 物联网大数据的修正规则

物联网大数据对单元风险的风险预警等级进行提降档修正，最高提一档，一段时间后自动降挡。

4. 特殊时期数据的修正规则

特殊时期数据对单元风险的风险预警等级进行提降档修正，最高提一档，一段时间后自动降挡。

5. 自然环境数据的修正规则

自然环境数据对单元风险的风险预警等级进行提降档修正，最高提一档，一段时间后自动降档。

四、人员密集单元"5+1+N"风险评估模型

人员密集单元"5＋1＋N"风险评估模型参见本书第六章第四节人员密集重点专项领域单元。

参考文献

[1]张广华. 危险化学品重特大事故案例精选[M]. 北京：中国劳动社会保障出版社，2007.

[2]中国安全生产科学研究院．危险化学品事故案例[M]．北京：化学工业出版社,2005.

[3]张贝．液氨罐车运输风险评估与控制研究[D]．中国地质大学,2020.

[4]黄莹．涉氨制冷系统风险辨识和动态风险评价研究[D]．中国地质大学,2019.

[5]张贝,徐克,赵云胜,等．危险化学品罐车泄漏事故伤害后果研究[J]．安全与环境工程,2019,26(06)：128-136.

[6]吴宗之,高进东,魏利军．危险评价方法及其应用[M]．北京：冶金工业出版社,2001.

[7]张秀玲．基于 SEM-BN 的木地板加工车间粉尘爆炸风险评估[D]．武汉科技大学,2020.

[8]郭颖．烟草加工场所粉尘爆炸风险分级研究[D]．中国地质大学,2018.

[9]马洪舟．烟花爆竹生产企业爆炸事故风险评估及控制研究[D]．武汉:中南财经政法大学,2020.5.

[10]宋思雨．工贸行业有限空间作业安全风险评估与控制[D]．中国地质大学,2020.

[11]宋思雨,徐克,张贝,等．基于 ISM 的有限空间作业中毒事故风险分析[J]．安全与环境工程,2019,26(02):140-144.

[12]宋思雨,徐克,尚迪,等．基于 Haddon 矩阵和 ISM 的人员密集场所踩踏事故风险分析[J]．安全与环境工程,2019,26(05):150-155.

第七章

工贸行业风险分级管控

第一节　风险管控模式

以工贸企业安全风险辨识清单和五高风险辨识评估模型为基础，全面辨识和评估企业安全风险，建立工贸企业安全风险"PDCA"闭环管控模式，构建源头辨识、分类管控、过程控制、持续改进、全员参与的安全风险管控体系[1][2][3]。

实施风险分类管控，重点关注工贸行业高风险工艺、高风险设备、高风险物品、高风险场所和高风险岗位等风险，突出重点人群、监测监控设施、场所、作业等危险性的管理[4]。针对"五高"固有风险指标管控，企业从以下方面管控五个风险因子。

（1）高风险设备设施管控。企业对建设项目应实施安全设施"三同时"管理，严格按设计要求和安全规程修建项目，采取提高设备设施本质安全化的措施。工贸企业项目选址、设计、施工必须符合国家法律法规和标准规范要求，勘察、设计、安全评价、施工和监理等单位资质和等级符合相关要求。

（2）高风险物品管控。对可能导致发生重特大事故的易燃易爆物品、危险化学品等物品做好日常监测、检测与维护等管理。

（3）高风险场所管控。企业应减少人员在暴露区域，采取自动化减人措施，推广远程巡查技术。流动人员如临时作业人员、监管人员、附近居民等进入易发生事故的场所或环境时，会影响企业子单元的动态安全风险。企业对流动人员应加强监控。比如在危险场所入口关键点设置在线监控装置，对区域内流动人员进行监控。

（4）高风险工艺管控。保障生产车间安全在线监测系统数据与传输的正常运行，提高关键监测动态数据的可靠性，及时监测到工艺状态和属性是否发生变化。出现故障的应尽快完成安全在线监测恢复工作，达到相关标准规范的监测要求。

（5）高风险作业管控。对于关键岗位作业人员，如特种作业人员、危险品运输人员等，要熟知岗位所涉及的风险模式和管控措施，严格按操作规范进行作业，保证其作业前保持健康的生理心理状态。

提高企业安全标准化管理水平。基于安全生产标准化8要素加强对工贸行业危险单元的风险管控。建立隐患和违章智能识别系统，加强隐患排查和上报，特别是对重大隐患，安排专人对实时标准化分数进行扣减，准确反映企业的实时风险管控水平。

强化风险动态管控。依据子单元动态预警信息、基础动态管理信息、地质灾害、特殊时期等有关资料及时做出应对措施，降低动态风险。提高风险动态指标数据的实时性和有效性，避免数据失真。建立统一的关键动态监测指标（温度、压力、流量、液位、气象数据、地质环境等）预警标准[5]。严格按照预警标准控制生产车间运行参数，建立车间基础信息定期更新制度，运行技术参数发生变化，企业应及时报送更新。构建大数据支撑平台，加强气象、地灾的信息联动；及时关注近一个月国内工贸行业发生的安全事故信息，加强对类似风险模式的管控。

综上，从通用风险清单辨识管控、重大风险管控、单元高危风险管控和动态风险管控四个方面实现工贸行业风险分类管控。

一、基于隐患和违章电子取证的远程管控与执法

实施隐患治理动态化管理[6]，依托智慧安监与事故应急一体化云平台，形成统一的隐患捕获、远程执法、治理、验收方法。

（一）建立隐患和违章数据感知平台

依据安全风险与隐患违规电子证据信息表，针对潜在的风险模式，开发一一对应的隐患和违章前端智能识别方式，包括视频、红外摄像、关键指标监测、无人机等技术。

（二）企业隐患排查与上报

企业应建立定期的隐患排查和上报制度。企业主要负责人、安全管理人员、专业技术人员等定期参加月度隐患排查会议，负责对工贸行业范围内安全生产隐患进行月度隐患排查并制定安全技术措施（或方案）、落实责任部门和

责任人。安环部负责编制会议纪要并上报集团公司,生产车间月度隐患排查纪要应在企业安全信息网发布。作业人员及安全管理人员要学习车间月度隐患排查纪要精神,相关岗位人员负责各单位学习贯彻情况的日常检查。

企业隐患上报。由车间隐患排查治理办公室负责,定期将本月隐患治理情况及下月隐患排查情况形成隐患排查会议纪要报集团公司,其他安全生产隐患按上级规定及时进行上报。

(三)远程执法

隐患和违章数据出现后,监管人员将隐患和违章证据及时推送企业,并对相关违章行为进行处置,督促企业限期整改,同时对企业标准化分数进行扣减,动态调整企业的风险管控指标,企业现实安全风险升高。为提高隐患信息传递效率,方便隐患排查治理系统用户能及时掌握隐患排查情况,接收隐患排查工作任务,可借助短信通知功能,使隐患排查治理工作的各个环节都能以手机短信的方式通知到相关人员。

(四)公示

由车间隐患排查治理办公室负责,将每月进行的安全隐患排查结果在安全信息网进行公示,公示内容要具体,包含隐患类型、处理形式、负责人、所属部门、整改意见以及整改期限等。在施工现场悬挂的隐患治理牌板上要公示月度排查出的C级以上隐患。

(五)治理

排查出的B级及以上安全隐患,按照隐患排查纪要要求,由所在专业部门负责,由各专业部门负责人组织力量进行治理。隐患治理由各专业部门负责制定技术措施并实施,安环部对分管部门治理措施的落实和治理过程进行跟踪监管,若查出结果为A级隐患,需集团公司进行处理,并报上级部门,由上级部门确认接管进行协商治理。

(六)验收

由企业主要负责人牵头,专业部门、安环部参加验收,专业部门出具验收单、存档,并报隐患排查治理办公室一份,由集团公司对各隐患排查结果进行协调处理,并最终报上级部门审查验收。

（七）考核

A级以下的隐患在治理完成后交由排查治理办公室进行综审。具体检查其整改结果是否达标，是否有隐患复现的可能并最终上报总集团。A级的隐患治理完成后，要向集团公司提交申请，安排专家组包括上级工作人员共同进行考核。隐患和违章整改治理到位后，监管部门通过远程感知平台或现场勘查进行核实，同时标准化分数恢复到隐患和违章出现前水平。

第二节　风险一张图与智能监测系统

一、基于风险一张图的风险信息钻取

为了更好地实现工贸行业动态风险评估、摸清危险源本底数据、搞清危险源状况，提出了工贸行业安全风险"一张图"全域监管。宏观层面上，"一张图"全域监管是为区域性风险形势分析、风险管控、隐患排查、辅助决策、交换共享和公共服务提供数据支撑所必需的政策法规、体制机制、技术标准和应用服务的总和、微观层面上，其基于地理信息框架，采用云技术、网络技术、无线通信等数据交换手段，按照不同的监管、应用和服务要求将各类数据整合到统一的地图上，并与行政区划数据进行叠加，绘制省、市、县以及企业工贸行业安全风险点和重大事故隐患分布电子图，共同构建统一的综合监管平台。根据顶层区域风险信息的变化，实时钻取底层风险点关键数据的变化，实现风险点—单元—企业—区域的风险信息查询与动态监管。

工贸行业安全风险"一张图"全域监管体系构成。"一张图"由"1个集成平台、2条数据主线、3个核心数据库"构成，详细架构见图7-1。"1个集成平台"，即地理信息系统集成平台，归集、汇总、展示全域所有的企业安全生产信息、安全政务信息、公共服务信息等；"2条数据主线"，即基于地理信息数据的风险分级管控数据流和隐患排查治理数据流；"3个核心数据库"，即安全管理基础数据库、安全监管监察数据库和公共服务数据库。

图 7-1 "一张图"全域监管体系总体架构

二、智能监测系统

（一）数据标准体系建立

按照"业务导向、面向应用、易于扩展、实用性强、便于推行"的思路建立数据标准体系。参考现有标准制定数据标准，既可保障数据质量，又可提高数据的规范性和标准性，从而奠定"一张图"建设的基础。

（二）有机数据体系建立

数据体系建设应包括全层次、全方位和全流程，从工贸行业"天地一体化"数据采集与风险源的风险管控、隐患排查治理与安全执法所产生的两大数据主线入手，确保建立危险源全方位数据集。有机数据集具体包括基础测绘地理信息数据、企业基本信息数据、风险源空间与属性信息数据、风险源生产运行安全关键控制参数、危险源周边环境高分辨率等对地观测系统智能化检测数据、监管监察业务数据、安全生产辅助决策数据和交换共享数据等。

（三）核心数据库建立

以"一数一源、一源多用"为主导，建立科学有效的工贸行业"一张图"核心数据库，其实质是加强风险源的相关数据管理，规范数据生产、更新和应用工作，提高数据的应用水平，建立覆盖企业全生命周期的一体化数据管理体系。

（四）安全管理基础数据库

安全管理基础数据库是工贸行业"一张图"全域监管核心数据库建立的空间定位基础，基础地理信息将工贸行业在空间上统一起来。其主要包括企业基本信息子库和时空地理信息子库，企业基本信息子库包括企业基本情况、责任监管信息、标准化、行政许可文件、应急资源、生产安全事故等数据；时空地理信息子库包括基础地形数据、大地测量数据、行政区划数据、高分辨率对地观测数据、三维激光扫描等数据。

（五）安全监管监察数据库

安全监管监察数据库主要包括风险管控子库和隐患排查治理子库。风险分级管控子库包括风险源生产运行安全控制关键参数、统计分析时间序列关键参数，其作用是进行动态风险评估，为智能化决策提供数据支撑。隐患排查治理子库包括隐患排查、登记、评估、报告、监控、治理、销账7个环节的记录信息，其作用是加强安全生产周期性、关联性等特征分析，做到来源可查、去向可追、责任可究、规律可循。

（六）共享与服务数据库

共享与服务数据库主要包括交换共享子库和公共服务子库。交换共享子库包括指标控制、协同办公、联合执法、事故调查、协同应急、诚信等数据；公共服务子库包括信息公开、信息查询、建言献策、警示教育、举报投诉、舆情监测预警发布、宣传培训、诚信信息等数据。

纵向横向整合全省资源，实现信息共享。在"一张图"里，包括湖北省内工贸行业主要风险源和防护目标，涵盖主要救援力量和保障力量。一旦发生灾害事故，点开这张图，一分钟内便可查找出事故发生地周边有多少危险源、应急资源和防护目标，可以快速评估救援风险，快速调集救援保障力量投入到应急救援中去，让风险防范、救援指挥看得见、听得到、能指挥，为应急救援装上"智慧大脑"，实现科学、高效、协同、优化的智能应急。

根据应急响应等级，以事故发生地为中心，对周边应急物资、救援力量、重点保护设施及危险源等智能化精确分析研判，结合相应预案科学分类生成应急处置方案，系统化精细响应预警。同时对参与事件处置的相关人员、涉及避险转移相关场所，基于可视化精准指挥调度，实现高效快速处置突发事件。同时，基于"风险一张图"，可分区域分类别，快速评估救援能力，为准确评估区域、灾种救援能力、保障能力奠定了基础；另外，还实现了主要风险、主要救援力量、保障力量的一张图部署和数据的统一管理，解决了资源碎片化管理、风险单一化防范的问题，有效保障了数据的安全性。

第三节　政府监管

一、监管分级

根据风险分级模型计算得到的风险值，基于 ALARP 原则，对监管对象的风险进行风险分级，分别为：重大、较大、一般和低风险四级[7]。结合科学、合理的"匹配监管原理"，即应以相应级别的风险对象实行相应级别的监管措施，如重大风险级别风险的监管对象实施高级别的监管措施，如此分级类推，见表 7-1。

表 7-1　风险分级与风险水平相应的匹配监管原理

监管等级 / 风险等级	风险状态 / 监管对策和措施	监管级别及状态			
		重大风险	较大风险	一般风险	低风险
Ⅰ级(重大风险)	不可接受风险;重大级别监管措施; 一级预警;强力监管; 全面检查;否决制等	合理 可接受	不合理 不可接受	不合理 不可接受	不合理 不可接受
Ⅱ级(较大风险)	不期望风险;较大风险监管措施; 二级预警;较强监管; 高频率检查	不合理 可接受	合理 可接受	不合理 不可接受	不合理 不可接受
Ⅲ级(一般风险)	有限接受风险;一般风险监管措施; 三级预警;中监管; 局部限制;有限检查、警告策略等	不合理 可接受	不合理 可接受	合理 可接受	不合理 不可接受
Ⅳ级(低风险)	可接受风险;可忽略; 四级预警;弱化监管; 关注策略;随机检查等	不合理 可接受	不合理 可接受	不合理 可接受	合理 可接受

ALARP 原则:任何对象、系统都存在风险,不可能通过采取预防措施、改善措施做到完全消除风险。而且,随着系统的风险水平的降低,要进一步降低风险的难度就越高,投入的成本往往呈指数曲线上升。根据安全经济学的理论,也可这样说,安全改进措施投资的边际效益递减,最终趋于零,甚至为负值[8]。

如果风险等级落在了可接受标准的上限值与不可接受标准的下限值内,即所谓的"风险最低合理可行"区域内,依据"风险处在最合理状态"的原则,处在此范围内的风险可考虑采取适当的改进措施来降低风险。

各级安全监管部门应结合自身监管力量,针对不同风险级别的工贸企业制定科学合理的执法检查计划,并在执法检查频次、执法检查重点等方面体现差异化。同时,鼓励企业强化自我管理,企业提升安全管理水平,推动企业改善安全生产条件,企业采取有效的风险控制措施,努力降低安全生产风险。工贸企业可根据风险分级情况,调整管理决策思路,促进安全生产。

二、精准监管

基于智能监控系统的建设,可进一步完善工贸行业风险信息化基础设施,为工贸行业相关部门防范风险提供信息和技术支持。智能监控系统可以实现工贸行业风险评估证明电子出证远程发放、远程处理监管、监督生产过程、日常隐患巡查等防控监管，有效提高工作效率，从而降低了人力成本、时间成本，提高了经济效益。根据风险评估分级、监测预警等级，各级应急管理部门分级负责预警监督、警示通报、现场核查、监督执法等工作，针对省、市、区县三级部门提出以下对策：

1. 区县级管理部门

（1）督促工贸企业结合工贸企业安全管理组织体系，将各级安全管理人员的姓名、部门、职务、邮箱、手机和电话等信息录入工贸企业在线安全监测系统平台。工贸企业在线安全监测系统应按照管理权限要求，将预警信息实时自动反馈给各级安全管理人员。对没有生产经营主体的工贸企业，由所在地县级人民政府承担安全风险管控主体责任。

（2）为了维护工贸企业的长期安全、可靠运行，区县级应急管理部门应针对性地加强设备设施的安全检查、管理。密切关注高风险场所自然环境、气象条件的变化和周边影响范围内人员活动对工贸企业安全的直接或间接影响，依据不同时期不同环境下的特点，有针对性地及时定期更新安全风险评价模型指标。

（3）此外应对隐患进行定期检查，并依据隐患违规电子取证输入系统，由在线监测监控智能识别出的隐患，要及时监督企业进行处置；企业对隐患整改处理完成后，区县应急管理部门要对隐患整改情况进行核查，并清除安全风险计算模型中的相关隐患数据；当企业的监测监控系统出现失效问题时，要监督企业修复。

（4）出现安全风险出现黄色、橙色、红色预警时，区县级应急管理局在限定时间内响应，指导并监督企业对照风险清单信息表和隐患排查表核查原因，采取相应的管控措施排除隐患。信息反馈采用工贸企业在线安全监测系统信息发布、手机短信、邮件、声音报警等方式告知相应部门和人员，黄色和红色预警信息应立即用电话方式告知相应部门和人员，应送达书面报告，并及时上报上级应急管理部门。

（5）预警事件得到处置且工贸企业运行正常，工贸企业在线安全监测系统应解除预警。

2. 市级监管部门

（1）地方各级人民政府要进一步建立完善安全风险分级监管机制，明确工贸行业子单元的监管责任主体。实行地方人民政府领导工贸企业安全生产包保责任制，地方各级人民政府主要负责人是本地区防范化解工贸行业安全风险工作第一责任人，班子有关成员在各自分管范围内对防范化解工贸行业安全风险工作负领导责任。

（2）实现管辖区域内企业、人员、车辆、重点项目、危险源、应急事件的全面监控，并结合公安、工商、交通、消防、医疗等多部门实时数据，辅助应急部门综合掌控安全生产态势。

（3）支持与危险源登记备案系统、视频监控系统、企业监测监控系统等深度集成，对工贸企业重大危险源进行实时可视化监控。对重点防护目标的实时状态进行监测，为突发情况下应急救援提供支持。

（4）市级以及管理部门应统筹全市范围内的企业风险。当出现橙色、红色预警时，市级监管部门立即针对相关企业提出相应的指导意见和管控建议，企业必须立即整顿。

3. 省级监管部门

（1）各省级人民政府负责落实健全完善防范化解工贸行业安全风险责任体系。

（2）建立突发事件应急预案，并可将预案的相关要素及指挥过程进行可视化部署，支持对救援力量部署、行动路线、处置流程等进行动态展现和推演，以增强指挥作战人员的应急处置能力和提高响应效率。

（3）支持集成视频会议、远程监控、图像传输等应用系统或功能接口，可实现一键直呼、协同调度多方救援资源，强化应急部门扁平化指挥调度的能力，提升处置突发事件的效率。

（4）支持对应急管理部门既有海量事故灾害数据。支持与应急管理细分领域的专业分析算法和数据模型相结合，助力挖掘数据规律和价值，提升管理部门应急指挥决策的能力和效率。

（5）兼容现行的各类数据源数据、业务系统数据、视频监控数据等，支持各类人工智能模型算法接入，实现跨业务系统信息的融合显示，为应急管理部门决策研判提供全面、客观的数据支持和依据。统筹区域性风险，整体把控相关区域内的风险，组织专家定期进行远程视频隐患会诊；对安全在线监测指标和安全风险出现红色预警的企业进行在线指导等。

（6）支持时间、空间、数据等多个维度，为事故监测指标建立阈值告警触发规则，并集成各检测系统数据，自动监控各类风险的发展态势，进行可视化自动告警，当一周内连续两次出现红色预警时，必须责令相关企业限期整改。

（7）支持整合应急、交通、公安、医疗等多部门数据，可实时监测救援队伍、车辆、物资、装备等应急保障资源的部署情况以及应急避难场所的分布情况，为突发情况下指挥人员进行大规模应急资源管理和调配提供支持。智能化筛选查看应急事件发生地周边监控视频、应急资源，方便指挥人员进行判定和分析，为突发事件处置提供决策支持。

（8）支持与主流舆情信息采集系统集成，对来自网络和社会上的舆情信息进行实时监测告警，支持舆情发展态势可视分析、舆情事件可视化溯源分析、传播路径可视分析等，帮助应急管理部门及时掌握舆情态势，以提升管理者对网络舆情的监测力度和响应效率。并在出现红色报警信息后，迅速核实基层监管部门是否对相关隐患风险进行处置进行监管，根据隐患整改情况执行相应的措施。

三、远程执法

对工贸企业现场引入远程视频监控管理系统，利用现代科技，优化监控手段，实现实时地、全过程地、不间断地监管，不仅有效杜绝了管理人员的脱岗失位和操作工人的偷工减料，也为处理质量事故纠纷提供一手资料，同时也可以在此基础上建立曝光平台，增强质量监督管理的威慑力。

（1）监督模式。鉴于工贸企业环境复杂，管控节点多，该系统根据现场实地需求灵活配置，并有可移动视录装备配合使用，现场条件限制小，与企业管理平台和执法监督部门网络终端相连接。工贸企业现场图像清晰，能稳定实时上传并在有效期内保存，便于执法监督人员实时查看和回放，可有效提高监督执法人员工作效率，并实现全过程监管。无线视频监控系统本身的优势决定着其在竞争日益激烈、管理日趋规范的市场中将更多地被采用，在政府监管部门和工贸企业的日常管理中将起到日益重要的作用。

（2）远程管理。借助网络实现在线管理，通过语音、文字实时通信系统与企业、现场的管理人员在线交流，及时发现问题并整改。通过远程实时监控，掌握工程进度，合理安排质监计划，使监管更具实效性与针对性，有助于提高风险管理水平，并实现预防管控。

（3）远程监督。监控系统能够直观体现工贸企业风险现场的质量问题，节约处理时间，使风险问题能够高效率解决。对于一些现场复杂、工艺参数烦琐的工贸企业，可邀请相关技术专家通过远程网络指导系统及时解答现场中出现的问题，对风险管控难点或不妥之处进行及时沟通与协调。

第四节　企业风险管控

一、企业管控

（1）风险辨识分级。根据确定的风险辨识与防控清单，进行重大风险辨识时要充分考虑到高危工艺、设备、物品、场所和岗位等的辨识，按照重大风险、较大风险、一般风险、低风险级别。分别对应独立法人单位、工厂、分子公司作业区、班组岗位进行管控，且管控清单同时报上级机构备案。其中，分级管控的风险源发生变化相应机构或单位监控能力无法满足要求时，应及时向上一级机构或主管部门报告，并重新评估、确定风险源等级。

（2）分类监管。按照部门业务和职责分工，将本级确定的风险源按行业、专业进行管控，明确监管主体，同时由监管主体部门或单位确定内部负责人，做到主体明确，责任到人。

（3）分级管控。依据风险源辨识结果，分级制定风险管控措施清单和责任清单。清单应包括风险辨识名称、风险部位、风险类别、风险等级、管控措施与依据等内容。

（4）岗位风险管控。结合岗位应急处置卡，完善风险告知内容，主要包括岗位安全操作要点、主要安全风险、可能引发的事故类别、管控措施及应急处置等内容，便于职工随时进行安全风险确认，指导员工安全规范操作。

（5）预警响应。工贸企业应建立预警监测制度并制定预警监测工作方案。预警监测工作方案包括对关键环节的现场检查和重点部位的场所监测，主要明确预警监测点位布设、监测频次、监测因子、监测方法、预警信息核实方法以及相关工作责任人等内容。工贸企业风险事件发生后，工贸企业应立即启动本单位应急响应，执行应急预案，实施先期处置；根据现场情况，配合当地政府按照预警分级启动应急响应。

（6）风险管理档案。工贸企业风险档案管理应按照全生命周期管理要求，从工贸企业开发、工贸企业管理及后期处置3阶段建立档案管理体系，重点涵盖工贸企业风险评价文件及相关批复文件、设计文件、竣工验收文件、安全生产评价文件、稳定性评估、风险评估、隐患排查、应急预案、管理制度文件、日常运行台账等。

二、风险智慧监测监控

（一）监控一体化

依照相关技术规范建立全方位立体监控网络，对风险点、人员集中场所、主要岗位等进行监控，实现天地空监控一体化智能监控管理平台。

（二）资源共享化

对跨平台的工贸企业基础数据、气象部门、地质灾害部门及其他风险信息资源实现共享和科学评价，能通过模型和评价体系解决重点。

（三）决策智能化

随时了解实时的工贸设施质量状况，对某个关键岗位或部位、作业的风险进行预测预报。

三、风险精准管控

（一）风险点管理分工

根据危险严重程度或风险等级分为A、B、C、D级（A级为最严重，D级为最轻）或Ⅰ级、Ⅱ级、Ⅲ级、Ⅳ级（Ⅰ级为最严重，Ⅳ为最轻）。

A级风险点由公司、车间、管理部、作业班组四级对其实施管理，B级风险点由车间、安环部、作业班组三级对其实施管理，C级风险点由安环部、作业班组二级对其实施管理，D级风险点由班组对其实施管理。如图7-2所示。

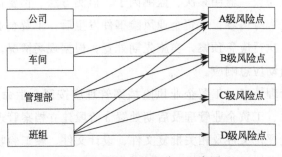

图 7-2   风险点管理分工示意图

（二）检查、监督部门

各级风险点对应责任人及检查、监督部门见表 7-2。

表 7-2   各级风险点对应责任人及检查、监督部门

管理机构	责任人	检查部门	监督部门
公司	A 级——主管副经理	相关职能处室	安全
车间	A 级——经理 B 级——主管副经理	相关职能处室	安全
管理部	A、B 级——管理部主任； C 级——主管副主任	管理部职能部门	生产
班组	A、B、C、D 级——班长	有关岗位	安全员

（三）风险点日常管理措施

1. 制定并完善风险控制对策

风险控制对策一般在风险源辨识清单中记载。为了保证风险点辨识所提对策的针对性和可操作性，有必要通过作业班组风险预知活动对其补充、完善。此外，还应以经补充、完善后的风险控制对策为依据对操作规程、作业标准中与之相冲突的内容进行修改或补充完善。

2. 树立"危险控制点警示牌"

"风险控制点警示牌"应牢固树立（或悬挂）在风险控制点现场醒目处。"风险控制点警示牌"应标明风险源管理级别、各级风险点有关责任单位及责任人、主要控制措施。

为了保证"风险控制点警示牌"的警示效果与美观一致性，最好对警示牌的材质、大小、颜色、字体等做出统一规定。警示牌一般采用钢板制作，底色采用黄色或白色，A、B、C、D级风险源的风险控制点警示牌分别用不同颜色字体书写。

3. 制定"风险控制点检查表"（对检修单位为"开工准备检查表"）

风险点辨识材料经验收合格后应按计划分步骤地制定风险控制点检查表，以便通过该检查表的实施掌握有关动态危险信息，为隐患整改提供依据。

4. 对有关风险点按"风险控制点检查表"实施检查

检查所获结果使用隐患上报单逐级上报。各有关责任人或检查部门对不同级别风险点实施检查的周期如表 7-3 所示。

表 7-3　对风险点实施检查的周期

责任人或检查部门	风险点级别	检查周期
班组	A、B、C、D级	每班至少一次
管理部安全员	A、B、C级	每天一次
管理部各主管副主任	C级	每周一次
管理部主任	A、B级	每旬一次
车间安全部门	A、B级	每半月一次
车间副厂长	B级	每月一次
车间厂长	A级	每月一次
公司安全部门	A级	每月抽查一次
公司副经理	A级	每季听一次汇报,半年自查一次
公司经理	A级	每季听取一次汇报

对于检修单位，应于检修或维护作业前对作业对象、环境、工具等进行一次彻底的检查，对本单位无力整改的问题同时应用隐患上报单逐级上报。

公司安全部门对全公司 A、B 级风险点的抽查应保证覆盖面（每年每个 A 级风险源至少抽查一次）和制约机制（保证一年中有适当的重复抽查）。

对尚未进行彻底整改的危险因素，本作"谁主管、谁负责"的原则，由风险源所属的管理部门牵头制定措施，保证不被触发引起事故。

（四）有关责任人职责

工贸企业法定代表人和实际控制人同为本企业防范化解安全风险第一责任人，对防范化解安全风险工作全面负责。要配备专业技术人员管理生产车间，实行全员安全生产责任制度，强化各职能部门安全生产职责，落实一岗双责，按职责分工对防范化解安全风险工作承担相应责任。

1. 公司各主管副经理职责

（1）组织领导开展本系统的风险点分级控制管理，检查风险点管理办法及有关控制措施的落实情况。

（2）督促所主管的单位或部门对 A 级风险点进行检查，并对所查出的隐患实施控制。同时，了解全公司 A 级风险点的分布状况及带普遍性的重大缺陷状况。

（3）审阅和批示有关单位报送的风险点隐患清单表，并督促或组织对其及时进行整改。

（4）对全公司 A 级风险点漏定或失控及由此而引起的重伤及以上事故承担责任。

2. 工厂经理、副经理职责

（1）负责组织车间开展风险点分级控制管理，督促管理部和相关部门落实风险点管理办法及有关控制措施。

（2）对本企业 A 级、B 级风险点进行检查，并了解车间风险点的分布状况和重大缺陷状况。

（3）督促管理部及检查部门严格对 A、B、C 级风险点进行检查。

（4）审阅并批示报送的风险点隐患清单表，督促或组织有关管理部或部门及时对隐患进行整改。对于车间确实无力整改的隐患应及时上报公司，并检查落实有效临时措施加以控制。

（5）对公司 A 级和 B 级风险点失控或漏定及由此而引起的重伤及以上事故承担责任。

3. 管理部主任、副主任职责

（1）负责组织管理部开展风险点分级控制管理，落实风险源管理办法与有关措施。

（2）对本管理部 A、B、C 级风险点进行检查，并了解管理部风险点的分布状况和重大缺陷状况。

（3）督促所属班组严格对各级风险点进行检查。

（4）及时审阅并批示班组报送的风险点隐患清单表。对所上报的隐患在当天组织整改。管理部确实无力整改的隐患，应立即向公司安全部报告，并采取有效临时措施加以控制。

（5）对管理部 A、B、C 级风险点漏定或失控及由此而引起的轻伤及以上事故承担责任。

4. 班长职责

（1）负责班组风险点的控制管理，熟悉各风险点控制的内容，督促各岗位（包括本人）每班对各级风险点进行检查。

（2）对班组查出的隐患当班进行整改，确实无力整改的应立即上报管理部，同时立即采取措施加以控制。

（3）对班组因风险点漏检及隐患整改或信息反馈方面出现的失误及由此而引起的各类事故承担责任。

5. 岗位操作人员职责

（1）熟悉本岗位作业有关风险点的检查控制内容，当班检查控制情况，杜绝弄虚作假现象。

（2）发现隐患应立即上报班长，并协助整改，若不能及时整改，则采取临时措施避免事故发生。

（3）对因本人在风险点检查、信息反馈、隐患整改、采取临时措施等方面延误或弄虚作假，造成风险点失控或由此而发生的各类事故承担责任。

（五）其他有关职能部门职责

1. 安全部门职责

（1）督促本单位开展风险点分级控制管理，制定实施管理办法，负责综合管理。

（2）负责组织本单位对相应级别风险点危险因素的系统分析，推行控制技术，不断落实、深化、完善风险点的控制管理。

（3）分级负责组织风险点辨识结果的验收与升级、降级及撤点、销号审查。

（4）坚持按期深入现场检查本级风险点的控制情况。

（5）负责风险控制点的信息管理。

（6）负责按如下期限填报风险点隐患清单表：安全部门每月 8 日前向主管经理报送上月查出隐患的汇总表；各作业区每月 5 日前将上月查出隐患的汇总表及本作业区无力整改的隐患汇总上报安全部门。

（7）督促检查各级对查出或报来隐患的处理情况，及时向领导报告。

（8）对风险点失控而引发的相应级别伤亡事故，认真调查分析，按风险管控分级表查清责任并及时报告领导。

（9）负责按风险管控分级表的内容进行风险点管理状况考核。

（10）对因本部门工作失职或延误，造成风险点漏定或失控及由此而引发的相应级别工伤事故承担责任。

2. 公司其他有关职能处、室职责

（1）参与 A、B 级风险点辨识结果的审查，并在本部门的职权范围内组织实施。

（2）负责对本部门分管的风险点定期进行检查。

（3）按《安全生产责任制度》的职责，对公司无力整改的风险点缺陷或隐患接到报告后 24 小时内安排处理。

（4）对因本部门工作延误，使风险点失控或由此而发生死亡及以上事故承担责任。

（六）考核

（1）因风险点漏定或失控而导致事故，按公司有关工伤事故管理制度有关规定从严处理。

（2）风险点隐患未及时整改且未采取有效措施的按公司有关安全生产经济责任制考核。

（3）各级、各职能部门未按职责进行检查和管理，对本职责范围内有关隐患未按时处理，按公司经济责任制扣奖。

（4）不按时报送风险点隐患清单表，按季度考核。

参考文献

［1］徐克,陈先锋.基于重特大事故预防的"五高"风险管控体系[J].武汉理工大学学报(信息与管理工程版),2017,39(06):649-653.

［2］王先华.企业安全风险的辨识与管控方法探讨[C]//中国职业安全健康协会.中国职业安全健康协会2017年学术年会论文集.北京,2017:15-18.

［3］王先华.安全控制论原理在安全生产风险管控方面应用探讨[C]//中国金属学会冶金安全与健康分会.2016中国金属学会冶金安全与健康分会学术年会论文集.武汉,2016:26-32.

［4］王先华,夏水国,王彪.企业重大风险辨识评估技术与管控体系研究[A].中国金属学会冶金安全与健康分会.2019年中国金属学会冶金安全与健康年会论文集[C].中国金属学会冶金安全与健康分会:中国金属学会,2019:3.

［5］叶义成.非煤矿山重特大风险管控[A].中国金属学会冶金安全与健康分会.2019中国金属学会冶金安全与健康年会论文集[C].中国金属学会冶金安全与健康分会:中国金属学会,2019:6.

［6］昝军,雷刚,张昊,等.金属非金属地下矿山重大危险源管控与应急管理[J].安全与环境工程,2017,24(05):163-166+174.

［7］骆效兵,龚爱蓉,冯杰.金属非金属矿山风险辨识及应急管理模式研究[J].采矿技术,2018,18(06):105-107.

［8］Nesticò A,He S,De Mare G,et al. The ALARP principle in the Cost-Benefit analysis for the acceptability of investment risk[J]. Sustainability,2018,10(12):4668.